"十三五"国家重点出版物出版规划项目

海 洋 生 态 文 明 建 设 丛 书

围填海管理技术探究

索安宁　于永海　等编著

U0202123

海洋出版社

2017·北京

图书在版编目（CIP）数据

围填海管理技术探究/索安宁等编著. —北京：海洋出版社，2017.8

ISBN 978-7-5027-9907-6

Ⅰ.①围… Ⅱ.①索… Ⅲ.①填海造地–技术管理–中国 Ⅳ.①TU982.2

中国版本图书馆 CIP 数据核字（2017）第 205226 号

责任编辑：苏　勤

责任印制：赵麟苏

海洋出版社　出版发行

http://www.oceanpress.com.cn

北京市海淀区大慧寺路 8 号　邮编：100081

北京朝阳印刷厂有限责任公司印刷　新华书店北京发行所经销

2017 年 8 月第 1 版　2017 年 8 月第 1 次印刷

开本：889mm×1194mm　1/16　印张：11.75

字数：220 千字　定价：98.00 元

发行部：62132549　邮购部：68038093　总编室：62114335

海洋版图书，印装错误可随时退换

《围填海管理技术探究》编著组

参加编著人员：（按姓氏笔画排列）

于永海　马红伟　王　鹏　王权明

王厚军　闫吉顺　许有良　孙钦帮

李滨勇　袁道伟　贾　凯　索安宁

曹　可　黄　杰　韩爱青　蔡悦荫

前　言

　　围填海是我国当前海岸开发利用的主要活动之一，引起了国家领导人、科学研究者、新闻媒体和社会各界的广泛关注。为了规范围填海管理工作，国家海洋局近年来持续组织开展了围填海管理技术研究工作。国家海洋环境监测中心暨国家海洋局海域管理技术重点实验室是我国海域管理工作的主要技术研究与业务支撑单位，近年来先后开展了我国大规模围填海的驱动机制与需求预测、围填海适宜性论证与评估、围填海计划管理、区域建设用海规划编制、围填海动态监测、围填海规模控制与集约利用、围填海竣工验收、围填海后评估等方面的技术方法研究与管理业务支撑工作，形成了一套相对完善的围填海管理技术方法体系。

　　本书是对国家海洋环境监测中心围填海管理技术研究工作的一个阶段总结，全书共分 10 章，分别就围填海国内外管理现状、我国大规模围填海的驱动机制、区域建设用海规划设计指导指标、围填海计划管理、围填海总量控制、围填海集约利用管理、围填海动态监测与评估、围填海竣工验收、围填海后评估等围填海管理各个环节的技术分析与研究进行了较为系统的阐述，以期为围填海管理者、围填海论证评估工作者、围填海项目业主和想了解我国围填海管理工作的社会各界提供一个认识我国围填海管理工作的窗口，也为有志于从事围填海管理研究和教学事业的教师和学生提供一部相对全面、客观、系统的围填海管理技术读本。

　　本书由国家海洋环境监测中心及有关技术人员共同完成，具体分工如下：第一章，索安宁、于永海、许有良；第二章，曹可、黄杰、韩爱青；第三章，索安宁、李滨勇、王权明；第四章，于永海、索安宁；第五章，索安宁、黄杰、于永海；第六章，马红伟、李滨勇、蔡悦荫；第七章，王厚军、袁道伟；第八章，王鹏、孙钦帮、贾凯；第九章，索安宁、袁道伟、闫吉顺；第十章，韩爱青、索安宁。全书由索安宁、于永海通纂和定稿。由于作者对我国围填海管理技术认知局限于此，书中难免有瑕疵，希望广大读者批评指正。同时欢迎对围填海管理理论与技术研究有兴趣的读者前来国家海洋局海域管理技术重点实验室交流、指导。

编著组

2017 年 1 月

目　录

第一章

围填海管理概述

第一节　我国围填海概况

围海是指通过筑堤等手段，围割海域进行海洋开发活动的用海方式，包括围海养殖、围海晒盐、蓄水池等。填海（或填海造地）是指筑堤围割海域填成土地的海洋开发活动。围填海是围海和填海的总称，本书的围填海主要指填海造地。我国的围填海历史久远，自古就有"精卫填海"神话传说："衔西山之木石，以堙（yīn）于东海"。早在距今 2000 多年前的西汉（公元前 206—208 年）时期，杭州湾北岸的海盐县就有利用海涂作盐场，发展海水煮盐业的记载。南宋淳熙十三年（1186 年），陆一瀛在《沈师桥志》中称"粤溯兹土，秦则海也，汉则涂也，唐则灶也，宋则民居也"，这正是对海涂围垦的历史过程所做的总体概括（徐承祥和俞勇强，2003）。在杭州湾南岸的"三北"（余姚、慈溪、镇海之北）平原，在北宋庆历七年（1047 年）就有筑塘记载，到元至正元年（1341 年），初步形成了西接上虞、东抵慈溪洋浦的大古塘，长为 70 km。大古塘以北为海，以南至山麓成内陆。明弘治年间，大古塘向东延伸至龙头场。随着滩涂淤涨外伸，遂以大古塘为头塘，逐年围垦，到 2001 年已建成十塘，局部地区已建至十一塘，共向外延伸约 16 km。

新中国成立至今我国已先后经历了 4 次大规模围填海阶段。

第一阶段是新中国成立初期的围海晒盐。从辽东半岛到海南岛我国沿海 11 个省（直辖市、自治区）均有盐场分布，其中长芦盐区正是在这个阶段经过新建和扩建成为我国最大的盐区，而南方最大的海南莺歌海盐场也是在 1958 年建成投产的，这一阶段的围填海主要以顺岸围割为主，围填海的环境效应主要表现在加速了岸滩的淤积。

第二阶段是 20 世纪 60 年代中期至 70 年代的围垦海涂扩展农业用地。如汕头港从新中国成立初期到 1978 年共围垦 22 宗，总面积约 5 800 hm²；福建省海涂农业围垦面积约为 7.5×10^4 hm²；上海市农业围垦面积也有 3.33×10^4 hm²。这一阶段的围填海

3

也以顺岸围割为主，但围垦位置已从高潮滩扩展到中低潮滩，围填海的环境效应主要表现在大面积的近岸滩涂消失。

第三阶段是20世纪80年代中后期到90年代初期的滩涂围海养殖，这一阶段的围填海主要发生在低潮滩和近岸海域，围海养殖的环境效应主要表现在大量的人工增养殖使得水体富营养化突出。

第四阶段是21世纪的围填海造地，从辽宁到广西，我国沿海各省市实施的规模不等的围填海工程，目的是建设工业开发区、滨海旅游区、新型城镇和大型基础设施，拓展沿海地区生产和生活空间。这个阶段围填海的主要原因在于土地资源供求矛盾制约了沿海地区经济和社会发展，围填海造地成为沿海地区拓展生产和生活空间的重要途径。

进入21世纪后，随着我国沿海地区开发活动的日益活跃，围填海规模持续扩大。根据国家海洋局《海域使用管理公报》显示，从1993年开始实施海域使用权确权登记到2015年底，我国累计确权围填海造地面积达到 $15.49 \times 10^4 \, \mathrm{hm}^2$。"十一五"期间为新中国成立以来我国围填海面积增长速度最快的时期，2009年全国围填海确权面积达到最高峰的 $1.79 \times 10^4 \, \mathrm{hm}^2$。此后随着围填海计划管理制度的实施，围填海规模快速膨胀的趋势得到了抑制。"十二五"期间，全国累计确权围填海造地面积为 $5.66 \times 10^4 \, \mathrm{hm}^2$，比"十一五"期间减少了 $1.06 \times 10^4 \, \mathrm{hm}^2$，年均围填海确权面积 $1.13 \times 10^4 \, \mathrm{hm}^2$。近10年全国围填海确权面积见图1-1。

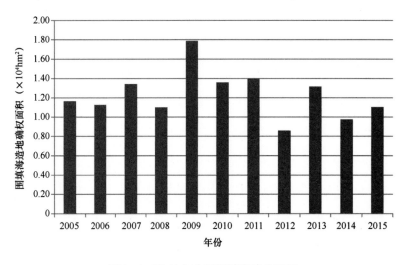

图1-1　近10年全国围填海确权面积

近10年我国围填海在区域分布上，主要集中在渤海海域的辽东湾、渤海湾、莱州湾；黄海海域的海州湾及苏北浅滩；东海海域的杭州湾、瓯江口、福建局部海湾；

南海海域的珠江口、北部湾、大鹏湾及海南西北部等海域。"十一五"期间，浙江省围填海面积最大，达到 11 137.12 hm²，占全国同期围填海总面积的 16.57%，依次为江苏省 10 503.79 hm²（包括农用围填海面积 2 037.00 hm²）、福建省 9 440.54 hm²（包括农用围填海面积 1 594.12 hm²）、辽宁省 9 406.23 hm²、天津市 8 494.20 hm²，它们分别占到同期全国围填海总面积的 15.63%、14.05%、14.00%、12.64%。而广东省、海南省、广西壮族自治区以及上海市近 5 年的围填海面积都在 3 500 hm²以下。

围填海开发利用用途从以港口建设为主，转变为以临海经济区和工业园区建设为主。例如为了承接首钢的沿海转移，曹妃甸工业园区规划围填海 31 000 hm²，至 2015 年已基本完成规划填海目标。天津滨海新区为拓展城市发展空间，规划围填海 25 000 hm²，目前已完成绝大部分规划目标。辽宁长兴岛临港工业园区规划围填海 11 397 hm²，一期完成填海造地 3 391 hm²。另外，江苏、浙江等省份开展了以发展现代农业，补占耕地平衡为目标的大面积农业围垦。

第二节　我国围填海管理

我国高度重视围填海活动管理工作，2002 年颁布实施的《中华人民共和国海域使用管理法》中明确规定："国家严格管理填海、围海等改变海域自然属性的用海活动"。《全国海洋功能区划（2011—2020 年）》中明确要求要"合理、适度围垦，严格保护沿海自然保护区"以及要"严格控制港湾区域的围垦活动"。温家宝同志早在 2003 年国务院第 28 次常务会上就指出："要严格规范海洋开发利用秩序，从严控制填海造地和海砂开采"。2013 年 8 月，习近平主席在中央政治局集体学习时提出要从严控制围填海活动。多年来，国家海洋局围绕围填海活动全过程制定和实施了一系列的围填海管理政策与制度，对我国围填海的管理产生了积极作用。图 1-2 为基于围填海活动全过程的国家围填海管理流程。

我国围填海管理主要从区划统筹、规划引导、计划调节、科学论证、严格审批、强化监管 6 个方面进行优化用海布局，控制用海规模，转变用海方式，促进集约节约用海。

一、国家依法加强围填海管控

《中华人民共和国海域使用管理法》明确规定："填海 50 hm² 以上和围海 100 hm² 以上的项目用海应当报国务院审批"；《中华人民共和国海岛保护法》规定："严格限制填海、围海等改变有居民海岛海岸线的行为，严格限制填海连岛工程建设"。《中华人民共和国防治海岸工程建设项目污染损害海洋环境管理条例》第七条规定："禁止在天然港湾有航运价值的区域、重要苗种基地和养殖场所及水面、滩涂中的鱼、虾、蟹、贝、藻类的自然产卵场、繁殖场、索饵场及重要的洄游通道围海造地"。

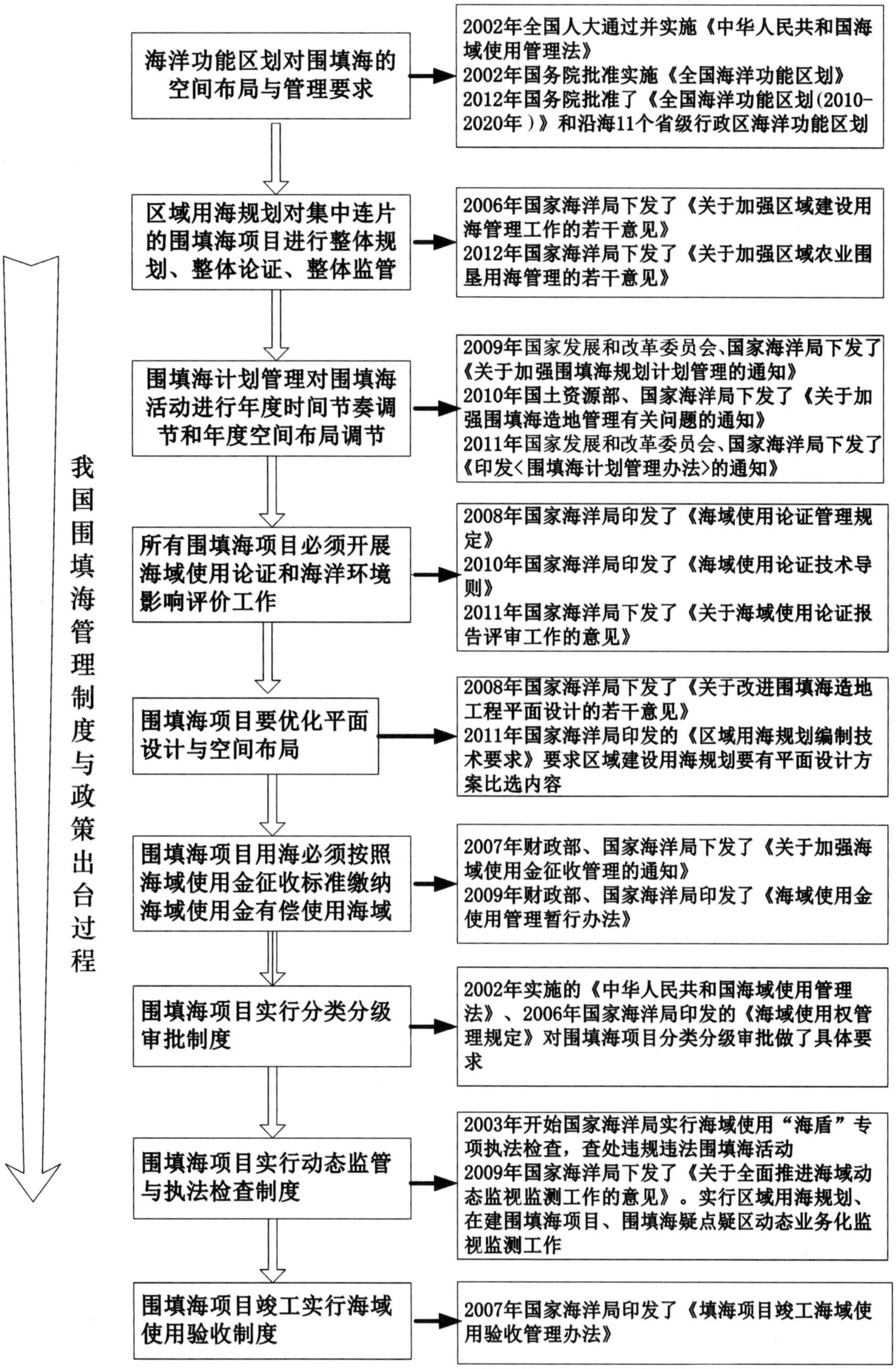

海洋功能区划对围填海的空间布局与管理要求	2002年全国人大通过并实施《中华人民共和国海域使用管理法》 2002年国务院批准实施《全国海洋功能区划》 2012年国务院批准了《全国海洋功能区划(2010-2020年)》和沿海11个省级行政区海洋功能区划
区域用海规划对集中连片的围填海项目进行整体规划、整体论证、整体监管	2006年国家海洋局下发了《关于加强区域建设用海管理工作的若干意见》 2012年国家海洋局下发了《关于加强区域农业围垦用海管理的若干意见》
围填海计划管理对围填海活动进行年度时间节奏调节和年度空间布局调节	2009年国家发展和改革委员会、国家海洋局下发了《关于加强围填海规划计划管理的通知》 2010年国土资源部、国家海洋局下发了《关于加强围填海造地管理有关问题的通知》 2011年国家发展和改革委员会、国家海洋局下发了《印发〈围填海计划管理办法〉的通知》
所有围填海项目必须开展海域使用论证和海洋环境影响评价工作	2008年国家海洋局印发了《海域使用论证管理规定》 2010年国家海洋局印发了《海域使用论证技术导则》 2011年国家海洋局下发了《关于海域使用论证报告评审工作的意见》
围填海项目要优化平面设计与空间布局	2008年国家海洋局下发了《关于改进围填海造地工程平面设计的若干意见》 2011年国家海洋局印发的《区域用海规划编制技术要求》要求区域建设用海规划要有平面设计方案比选内容
围填海项目用海必须按照海域使用金征收标准缴纳海域使用金有偿使用海域	2007年财政部、国家海洋局下发了《关于加强海域使用金征收管理的通知》 2009年财政部、国家海洋局印发了《海域使用金使用管理暂行办法》
围填海项目实行分类分级审批制度	2002年实施的《中华人民共和国海域使用管理法》、2006年国家海洋局印发的《海域使用权管理规定》对围填海项目分类分级审批做了具体要求
围填海项目实行动态监管与执法检查制度	2003年开始国家海洋局实行海域使用"海盾"专项执法检查,查处违规违法围填海活动 2009年国家海洋局下发了《关于全面推进海域动态监视监测工作的意见》。实行区域用海规划、在建围填海项目、围填海疑点疑区动态业务化监视监测工作
围填海项目竣工实行海域使用验收制度	2007年国家海洋局印发了《填海项目竣工海域使用验收管理办法》

我国围填海管理制度与政策出台过程

图1-2 基于围填海活动全过程的国家围填海管理流程

二、海洋功能区划统筹协调与约束围填海布局

2012 年国务院批准实施的《全国海洋功能区划（2011—2020 年）》和此后相继批准实施沿海 11 个省级（省、自治区、直辖市）海洋功能区划是国家和地方海域使用管理和海洋环境保护的重要依据。海洋功能区划专门划定了工业与城镇建设用海区、港口航运区、旅游休闲娱乐区，统筹布局了全国建设用围填海的规模与空间分布，所有建设用围填海项目都必须符合海洋功能区划，布局于相应的基本功能区。对于重要的生态保护区、渔民传统养殖区、滨海景观及旅游区等，严格禁止围填海活动，与海洋功能区划不符合的项目不予审批。

三、年度计划管理调控围填海节奏

2010 年开始，我国政府对围填海实行年度计划管理，以省级行政区为单元，建立围填海年度计划指标台账制度，要求围填海规模必须限制在当年的围填海计划指标内。全国围填海计划，按程序纳入国民经济和社会发展年度计划。围填海计划指标包括建设用围填海计划指标和农业用围填海计划指标，不得混用。区域用海规划范围内的围填海项目，根据围填海项目用海审批情况在规划期限内逐年使用围填海计划指标。

四、区域用海规划引导围填海集中布局

对于连片开发、需要整体围填用于城镇建设或农业开发的海域，必须编制区域用海总体规划，防止多个围填海项目聚集后对生态环境的累积影响。区域用海规划对区域内的建设项目进行整体规划和合理布局，确保科学开发和有效利用海域资源。区域用海规划分区域建设用海规划和区域农业围垦用海规划。

五、加强围填海平面设计管理

2008 年，国家海洋局出台了《关于改进围填海工程平面设计的若干意见》，要求填海造地的平面设计应遵循保护自然岸线、有效增加人工岸线和提升海岸景观效果的原则。围填海平面设计应尽量采用区块组团式、人工岛式、多突堤式的平面设计方式。

六、围填海使用论证与评价科学分析围填海适宜性

国家海洋局要求所有围填海项目都必须开展海域使用论证和海洋环境影响评价工作,科学论证分析围填海项目的选址、规模、用途、布局及环境影响的适宜性,筛选掉选址不合理、用海规模过大、滥用岸线资源、严重破坏环境的围填海项目,实现科学用海。

七、海域有偿使用与补偿制度强化围填海管理

国家实行海域有偿使用制度。规定单位和个人使用海域,应当缴纳海域使用金。海域使用金实行差别化管理,按照用途分等级征收,围填海项目最高征收标准为180万元/hm²,为一次性征收。围填海项目用海对周边利益相关者造成经济损失的应当缴纳补偿金。

八、从严审批围填海项目

所有围填海项目都由国务院或省级人民政府审批。围填海项目建设单位在申报项目可行性研究报告或项目申请报告前,应依法向国家或省级海洋行政主管部门提出海域使用申请。省级海洋行政主管部门依据海洋功能区划、海域使用论证报告及专家评审意见进行预审,并出具用海预审意见。国务院和省级人民政府在保障国家能源和交通等重大基础设施建设、重点海洋产业用海需求的同时,对国家产业政策限制或禁止的以及专家评估后认为可能对资源、生态造成较大影响的围填海项目坚决不予批准。

九、动态监管围填海项目施工过程

自 2006 年起,我国建立了国家、省、市、县四级海域使用动态监视监测系统,对围填海项目施工过程进行动态监视监测,及时发现并通报违规违法围填海活动,并通过执法检查重点查处未经批准或擅自改变用途和范围等违法违规围填海行为,整顿围填海秩序。

十、实施围填海项目海域使用竣工验收

围填海工程实施完成后必须由海洋行政主管部门组织开展围填海项目海域使用竣

工验收工作，通过现场测量、勘察，详细分析围填海工程的施工位置、范围、面积、平面布局与批准要求的符合性，以及围填海项目实施的实际环境影响与管理措施落实，项目利益相关者处理等。

第三节　外国围填海管理

围填海是人多地少的临海国家、地区拓展发展空间的重要方式,在全球范围主要分布于4个区域,分别是东亚及东南亚沿岸(中国、日本、韩国、新加坡等);波斯湾沿岸(迪拜、卡塔尔等);欧洲沿岸(荷兰、希腊、德国、英国、法国等);美洲沿岸(美国东海岸、墨西哥湾沿岸等)。不同国家根据其围填海资源环境影响的管理需求,分别实施了各自的围填海管理制度措施。

一、日本围填海管理

日本很早就开始了围填海活动,1945年之前为围填海发展的初期,主要为农业和工业发展提供用地保障;第二次世界大战后日本工业迅速恢复和发展,围填海规模也随之快速膨胀,到1978年围填海面积累计达到约 73 700 hm^2,主要用于港口和临港工业;1979—1986年,日本对围填海开始进行结构化调整,用途转向第三产业,并更多地考虑到环境效益,围填海的规模和速度大大减小;进入20世纪90年代,日本经济增长放缓,经济发展对土地的需求降低,社会公众对围填海的生态环境影响更加关注,围填海面积开始逐年下降,直到目前,日本围填海面积基本保持每年 500 hm^2 的总量。

为了对围填海活动实施管理,日本政府于1921年颁布了《公有水面埋立法》,建立了围填海的许可、费用征收和填海后的所有权归属等管理制度,并于1973年通过了《公有水面埋立法修正案》,加强了对围填海用途与环境影响审查等方面的管理要求。日本围填海管理的核心是围填海许可的审批。要获得围填海许可,填埋申请人要向都道府县知事提出申请,申请前应完成利益相关者协调和环境影响评价。都道府县知事首先要对申请材料进行形式审查,再通过公示征求公众意见,然后征求项目所在村、街基层管理部门、海上保安署、环境保全局、地方公共团体和其他相关机构的意见，并对意见进行评价，最后做出关于利益相关者处理、填海范围与面积、公共空间保证、围填海收费、施工与使用年限等的许可决定，并向国土交通省提出许可认可申请。国土交通省对许可认可申请进行审查，向都道府县知事出具认可意见，都道府县知事据此向申请人发放填海许可。日本政府对围填海管理采取"不鼓励，不限制"的中立态度，以需求为主导，通过市场规律来调节围填海规模。

日本十分注重对围填海区域的整体规划，具体体现在 3 个层次：第一个层次，从国家全局角度制定沿海地区发展的总体规划，划定一些重点发展地区，并明确整体功能定位。第二个层次是对重点发展地区，如一些布置有产业带的较大海湾，编制较为系统的总体空间规划，包括相互衔接的城市总体规划、海湾发展规划和海洋功能规划等。这一层次的规划把一个地区的海岸划分成若干个基本功能岸段，并明确岸线及其临近海域的基本功能定位。在其引导下，围填海项目会根据自身用途选择对应的基本功能岸段，进行空间布局。第三个层次是对于基本功能岸段内的围填海项目进行平面规划，设计项目的布局与形态。在其指导下，围填海项目以人工岛式居多，自岸线向外延伸、平推的很少，围填海项目内部大多采用水道分割，很少采用整体、大面积连片填海的格局。在海岸线形态上，大多数采用曲折的岸线走向，极少采用截弯取直的岸线形态。

二、荷兰围填海管理

荷兰位于欧洲北部，大西洋的北海沿岸，处于马斯河、莱茵河和斯凯尔特河的下游河口地区，是西欧沿海平原的一部分。13 世纪至今，荷兰国土被北海侵蚀了 5 600 km² 以上。为抗衡洪水、防洪防潮、拓展生存空间，荷兰开展了近 800 年的大规模围海造地活动，围填海面积达到 5 200 km²。荷兰围填海发展历程具体可划分为 4 个阶段：第一阶段是 13—16 世纪的围填海缓慢发展时期，这一阶段的围填海活动主要采用木桩及枝条编成阻波栅在天然淤积的滨海浅滩围出淤积区，促淤成陆；第二阶段是 17—19 世纪围填海飞速发展时期，这一阶段随着荷兰国力增强和技术进步，围填海投资加大，改进的风车也大大提高了围堰区内的排水效果，围填海快速发展，围填面积约 3 000 km²；第三阶段是 20 世纪围填海全盛发展时期，这一阶段采用柴油机和电力取代蒸汽动力修筑围堰和排水设施，围填海规模进一步扩大，面积达到 1 650 km²；第四阶段是 21 世纪以来的退滩还水时期，目的是为了追求与自然和谐共处，退滩还水面积约为 100 km²。

荷兰的围填海管理主要是建立了相对完善的规划和评估体系，全国建立了综合湿地计划、海岸保护规划、海洋保护区规划、水资源综合利用规划和三角洲开发计划等。建立了针对围填海区域的综合评估技术体系，采用海岸稳定性数模和物模技术、波浪流数模和物模技术、波流环境下通航数模和物模技术、海底地形地貌数模和物模技术、行洪安全数模和物模技术、浪潮流生态环境数模技术、潮汐梯度变化数模技术等技术方法，开展围填海的后评估工作，包括围填海对海平面变化的影响评估、围填海对未来河流流量的影响评估和围填海对地面沉降的影响评估以及对河道纳潮梯度的影响评估等。同时开发了围填海相关的定量评价技术体系，如生物资源及栖息地自然生态系统评估、通航能力评估、海岸稳定性评估、海底淤蚀评估、海洋环境质量评估、围填海对行洪和纳潮的影响评估、围填海对沿岸通道的影响评估等。荷兰也开展了围填海及海岸工程施工和营运期综合损益分析，如工程经济损益评价，对当地和外部资源环境影响分析及施工过程的直接影响、间接影响分析等，建立了公众、政府和议会议事及审批制度。

三、韩国围填海管理

韩国围填海活动起步于 20 世纪初，主要用于扩充农业耕地，解决农业用地紧张的问题。1910—1945 年之间共围填海面积约 408.80 km²，多分散于一些小的海湾高潮滩。1950—1990 年韩国围填海蓬勃发展，围填海总面积超过 1 000 km²，围填海用途逐渐转向水利工程、工业建设、交通运输等多个方面。1990 年以后，随着公众对围填海环境影响认知的提高，政府开始采取谨慎的围填海政策，每年仅有较少的围填海项目实施。

韩国围填海管理主要措施包括建立了完善的围填海管理法律法规、实施围填海总量控制、广泛的公众参与及谨慎的围填海管理政策。韩国 1961 年颁布了《公有水面管理法》，1962 年颁布了《公有水面围填法》。在围填海管理法律法规基础上，制定了公有水面围填海基本规划，该规划每 10 年制定一次，每 5 年研究一次，必要时可随时进行更改。第二次公有水面围填海基本规划中尽可能限制了围造耕地、解决城市用地、海上新城区扩建、修建工业园那样的大规模填海，最大限度地遏制了对滩涂的填埋。对已经毁坏而难于恢复或环境损失较少的海域及公共事业区域，允许小规模围填海，但要符合海岸带综合管理规划，填海要采用亲环境工程方法。

以扩大国土面积为主的填海变为重视海洋环境、保护生态的亲环境填海，改变了以往政策的基本框架。同时由于政府逐渐意识到公众对围填海的关注，采取了谨慎的围填海管理政策，对只有公众认可的围填海项目才可以实施。以上述法律法规、规划、专家评估、公众参与为基础，韩国政府形成了完善的围填海使用申请审批制度程序。

四、波斯湾沿岸国家围填海管理

波斯湾沿岸开展围填海的主要国家有卡塔尔和阿联酋。卡塔尔围填海活动起步较晚，但起点高，发展迅速，具有特色的围填海工程包括珍珠岛填海工程、LUSAIL 围填海工程和伊斯兰博物馆围填海工程等。围填海活动的特点有：

（1）起点高，注重品位。卡塔尔崇尚建设具有地标性的建筑，倾向将海岸建设成优美的景观廊道，如伊斯兰博物馆是由突堤与人工岛相连，突堤为透水构筑物，人工岛四周采用直立式设计，没有不美观的海岸裸露。

（2）注重水环境。注重将围填海设计成水道分割的区块，水道错综，水流畅通，从而保证填海区的生态功能最大化。

（3）采用独特的内挖式填海方式。卡塔尔的围填海活动主要是为了营造优美的海岸环境，因此为了节省土石，就地取材，减少运输成本，采用向海岸内挖方式进行"填海"，通过这种方式起到对海岸进行整治、修复、开发的目的。

迪拜是阿联酋 7 个酋长国之中第二大酋长国。迪拜酋长国提出建设海上人工岛工程，发展商业、休闲旅游业的宏伟设想。海上人工岛设计包括朱迈拉棕榈岛填海工程、阿里山棕榈岛填海工程、代拉棕榈岛填海工程、世界岛填海工程、海运城填海工程，目前棕榈岛和世界岛的围填开发已经基本完成。迪拜围填海活动的主要特点有：

（1）整体规划。迪拜海上人工岛工程是以迪拜酋长家族为主导进行的大规模围填海活动，由其控制的 Nakheel 公司负责规划、设计和开发，政府部门发挥的作用实际上是为其提供服务。

（2）不占用自然海岸线，注重延长海岸线。迪拜人工岛都是离岸设计，不占用原有的海岸线，且人工岛设计以尽量延伸人工岛海岸线为原则，人工岛工程建设完成后，可增加海岸线 1 000 km 以上。

（3）大量采用仿自然生态设计。人工岛填海工程大量采用优美造型，如采用棕榈岛、世界地图等造型，令人印象深刻。

（4）注重环境影响，采用分散式开发。迪拜棕榈岛和世界岛围填海工程是目前世界上大规模围填海工程最先进的模式，将大块的填海分散成小块岛屿组团的方式，其在设计上注重环境影响，突出营造"亲水"环境。

五、外国围填海管理启示

综观外国围填海及管理对策，主要有 2 个方面启示。

（一）围填海规模及速度与经济发展速度呈正相关

围填海是由需求主导的人类海洋开发利用活动。纵观世界主要国家围填海活动的发展历程，围填海的规模取决于需求规模，围填海的速度受制于围填海技术和需求的迫切程度；而需求规模、围填海技术和需求的迫切程度都直接或间接地反映了经济发展速度。在一定时期，当一个国家或地区经济快速发展时，就迫切需要发展所需的空间，而陆域空间有限，加之短期内生产力水平不会发生质变，进行围填海则是最有效的发展空间拓展方法。因此，当一个国家或地区经济快速增长、人口膨胀，围填海规模和速度就大；反之，当一个国家或地区经济、人口的增速趋缓，围填海规模和速度也就随之下降。

（二）围填海用途反映经济社会总体发展水平

通过分析世界主要国家围填海的发展历程，可以发现每个国家在不同的历史时期围填海的主要用途变化呈一定的规律性。在发展初期，围填海主要用于农业生产；进入工业化阶段后，围填海主要用于临海工业和港口建设；进入现代化阶段后，围填海逐渐成为增加亲水空间、提供景观生态功能的重要途径。就整个世界围填海发展历程而言，发展中国家大部分仍处于通过围填海为农业、工业提供发展空间的阶段；而发达国家已经越来越注重围填海的生态环境保护与景观设计，围填海主要用于增加亲水空间。

第二章

我国大规模围填海的驱动机制

第一节　我国大规模围填海的社会发展驱动机制

随着全球经济一体化的快速发展，全球范围内大批石油化工、钢铁、造船、机械加工等产业临海、临港布局。我国产业趋海迁移趋势更为明显，首都钢铁集团公司迁址河北曹妃甸、鞍山钢铁集团公司迁址辽宁鲅鱼圈、攀枝花钢铁集团公司迁址广西防城港，同时包括海洋装备、滨海旅游、海洋生物等海洋新兴产业也逐步发展壮大。海岸带已成为我国沿海地区工业化、城市化发展的主战场，来自国内外的大量生产要素在海岸带地区密集投入，进一步改善了海岸带地区的基础设施环境，提高了区域经济活动的效率，从而带动新的工业和城市空间的扩张。

我国沿海工业化、城市化的快速发展形成大规模的围填海需求，主要包括 4 个方面。

一、工业产业临海布局驱动的大规模围填海需求

近年来，国务院及国家发展和改革委员会相继出台的一系列产业振兴计划，要求把港口、土地、资金、技术、人力资源、服务等优势整合在一起，建立临海工业园、临港工业园（包括产业园、产业基地），实施石化、钢铁、能源、海洋装备制造、航运和物流等产业的临海集聚布局。临海工业园、临港工业园是实现国家沿海区域发展战略的产业发展基地，是加速区域工业化进程和经济发展的强大引擎，也是大规模围填海需求形成的主要社会驱动力。如河北曹妃甸循环经济区，就是为落实河北沿海地区发展规划，将京津冀区域临海产业进行集中布局而推动的一项大规模围填海工程，目前围填海总面积已超过 30 000 hm²。

二、滨海城镇建设驱动的大规模围填海需求

滨海城市以其优美的人居环境和便利的水陆交通，成为当前我国沿海城镇化发展

的主导方向。以拓展城市发展空间，改善城市人居环境，建设靓丽滨海新城为目的的滨海城镇建设是我国大规模围填海需求形成的主要驱动力。天津市滨海新区规划建设国际港口大都市和海滨生态宜居新城，包括 5 000 hm² 的商务商业区、10 300 hm² 的先进制造业产业区、10 000 hm² 的海港物流区、10 200 hm² 的临空产业区、2 500 hm² 的滨海高新技术产业园区和 8 000 hm² 的滨海化工区，总规划面积达到 53 500 hm²，其中有将近 60% 的区域需要围填海向海洋拓展发展空间。连云港市城市规划，提出城市东进，拥抱大海，一体两翼，组团递进，三级拉动，重点突破，建设滨海新区的城市发展思路，规划建设总面积 5 800 hm² 的滨海新区，其中约 70% 需要通过围填海解决发展空间。温州市"十二五"城市发展规划，提出建设瓯江口城市主中心，推进跨江、面海、环山、沿路的同城化发展思路，通过围填海建设灵霓半岛功能区、洞头港城功能区等，将城市发展空间向海洋推进，规划用海面积超过 10 000 hm²。1990 年沿海城市建设用地仅占全国总城市建设用地的 18.7%，2009 年沿海城市建设用地占全国城市建设用地的比例已上升到 37.3%，明显高于全国平均城市建设用地的扩张速度。全国沿海 53 个地级市中只有南通、盐城、莆田、汕头、中山、丹东 6 市城市化水平速度与城市建城区扩张速度基本持平，其他城市扩张速度均远远高于城市化水平。

三、临海交通运输快速发展驱动的大规模围填海需求

21 世纪以来，我国掀起了新一轮港口建设和发展热潮，港口的建设数量、规模、吞吐能力快速增长，沿海地区已形成环渤海、长三角、东南沿海、珠三角、西南沿海 5 个规模化、集约化、现代化的港口群体。目前沿海已经形成的港口岸线约为 610 km，未来一个时期可能新增港口岸线 1 000 km 以上，按码头后方堆场面积平均 500~800 hm²/km 计算，我国沿海港口码头建设可能形成 30 000~50 000 hm² 的围填海需求。另外，一些沿海城市为了提振物流、旅游等相关产业，纷纷扩大机场规模或重新选址建设新机场。沿海城市土地资源十分有限，部分城市选择发展海上机场，即通过围填海建设人工岛扩建机场规模，从而拉开了沿海城市填海建设机场的序幕。目前，已经有若干个沿海城市有通过围填海建机场的计划，如大连市在金州湾围填海面积约 2 000 hm² 建设人工岛扩建民用机场。

四、滨海旅游产业发展驱动的大规模围填海需求

近年来，我国沿海各个区域发展战略规划及建设指导意见都将滨海旅游纳入到主

导产业，规划实施了一大批旅游基础设施建设项目，形成一定的围填海需求。例如山东省计划在黄河三角洲地区着力打造沿黄河生态旅游品牌，依托观海栈桥和莱州黄金海岸，发展滨海度假旅游及海上观光游乐项目；江苏省规划将连云港建成国际知名的海滨旅游城市和国内著名的旅游目的地，将盐城建成我国东部沿海重要的旅游城市和湿地生态旅游地，将南通建成我国独具特色的"江海旅游"门户城市和历史文化名城；长江三角洲地区规划建设世界一流水平的旅游目的地体系；福建省规划拓展闽南文化、客家文化、妈祖文化等两岸共同文化内涵，突出"海峡旅游"主题，使之成为国际知名的旅游目的地和富有特色的自然文化旅游中心；珠江三角洲地区规划建设全国旅游综合改革示范区，建成亚太地区具有重要影响力的国际旅游目的地和游客集散地；海南岛规划大力发展热带海岛冬季阳光旅游、海上运动、潜水等旅游项目，丰富热带滨海海洋旅游产品，积极稳妥推进开放开发西沙旅游，有序发展无居民岛屿旅游；广西壮族自治区规划依托国家 4A 级以上旅游景点，打造旅游精品，构筑泛北部湾旅游圈。上述滨海旅游规划的实施将驱动大规模的围填海需求。

第二节　我国大规模围填海的经济利益驱动机制

近 10 年，由房地产发展驱动的我国土地市场异常繁荣，土地资源已成为区域发展的核心资源，土地价格快速飙升。围填海是沿海地区获取土地资源的重要方式。我国围填海造地的成本普遍比较低，每公顷围填海成本为 210 万~450 万元，对于淤泥质、砂质海岸等围填海自然条件适宜的地区其填海造地成本更低。围填海形成的土地一般通过招标拍卖的方式出让，中小城市的工业用地出让金在 2 300 万元/hm² 以上，商住用地多数高于 750 万元/hm²，区位优越的沿海区域每公顷可达近千万元。可以说，围填海造地带来的高额经济收益与低廉造地成本之间的巨大利润空间是驱动我国大规模围填海的直接经济利益机制。

围填海造地的经济利益驱动机制由围填海造地的经济收益和围填海造地的经济成本共同主导。围填海造地的经济收益是围填海形成土地出让后的经济收益。围填海造地的经济收益等于土地出让基准价乘以围填海形成土地面积再乘以有效用地率和容积率。土地出让基准价分工业用地基准价和商住用地基准价，工业用地基准价相对较低，多在 300 万/hm²~700 万元/hm² 之间。商住用地的基准价格较高，一般都在 1 000 万元/hm² 以上，且各个地区各个区域差别较大，并且由土地管理部门动态调整。围填海的成本由围填海占用海域的海域使用金、工程规划设计论证环评费、渔业资源补偿费、拆迁补偿费、围填海工程费、基础设施配套费等部分构成。

（1）围填海占用海域的海域使用金。征收标准按照海域使用类型和所在海域的等级，执行全国统一征收标准。建设填海造地分一等、二等、三等、四等、五等和六等 6 个等级，一等区域海域使用金征收标准 30 万元/hm²，按等级增大征收标准提高，到六等区域海域使用金征收标准提高至 180 万元/hm²，为一次性征收。

（2）工程规划设计论证环评费。包括围填海工程设计规划费用、围填海工程海域使用论证费用、围填海工程海洋环境影响评价费用，与航道相关的还涉及航道环评费用。以上围填海工程的规划设计、论证、环评的费用一般工程不超过 1 000 万元。

（3）渔业资源补偿费。为围填海占用海域的渔业资源补偿费用，标准一般为 1 万元/hm²。

（4）拆迁补偿费。如果围填海海域前期为养殖用海，需要给予养殖用海者及利益相关者一定的拆迁补偿费用。拆迁补偿费用标准一般由双方协定，各个区域差异比较大。

（5）围填海工程费。包括围填海围堰工程费、回填（吹填）费及土地平整费，这部分费用与围填海所处的海域地形、水动力环境、填充物料及其来源距离等多种因素有关，各个区域也不一样。

（6）基础设施配套费。包括道路、通水、通电、有线、电话、网络等"七通一平"基础设施配套的费用，一般不超过 100 万元/hm²。

以某围填海为例，该区域围填海 250 hm²，有效用地率为 85%，该区域工业基准价格为 350 元/m²。则围填海形成土地的出让经济收益为

$$E = BP \times S \times R = 350 \ 元/m^2 \times 2 \ 500 \ 000 \ m^2 \times 0.85 = 74 \ 375 \ 万元$$

式中：BP 为土地出让基准价，元/m²；S 为土地出让面积，m²；R 为有效用地率；

该围填海工程的成本包括：①围堰、疏浚和吹填工程费：22544.248 万元。②土石方回填与平整工程费：574.0277 万元。③拆迁补偿费：1472.5 万元。④渔业资源补偿费：1397.6 万元。⑤海域论证与环评费：175 万元。⑥航道环评费：15 万元。⑦海域使用金：18750 万元；⑧基础设施配套费：21250 万元。围填海的总成本为

$$C = \sum c_i = 22544.248 + 574.0277 + 1472.5 + 1397.6 + 175 + 15 + 18750 + 21250$$
$$\approx 66178(万元)$$

该围填海的经济利润为

$$P = E - C = 74 \ 375 \ 万元 - 66 \ 178 \ 万元 = 8197 \ 万元$$

即该区域围填海面积 250 hm²，形成的工业用地价值为 7.437 5 亿元，四等海域填海造地海域使用金征收标准为 75 万元/hm²，征收的海域使用金为 1.875 亿元，围填海造地综合成本 6.617 8 亿元（包括工程费、渔业资源补偿费、海域使用金和海域论证环评费等相关费用），在扣除围填海造地总成本后，产生的经济利润为 8197 万元，即

32.8 万元/hm²。

　　考虑到目前大部分地区围填海多为政府行为，围填海征收的海域使用金还有一定比例返还当地，渔业资源补偿费大部分地区没有缴纳，围填海后的利润及资金利润率比例还将更高。巨额的经济利益是沿海各地热衷于大规模围填海的直接原因。

第三节　我国大规模围填海的行政驱动机制

1986 年出台的《中华人民共和国土地管理法》允许依照法律规定转让土地使用权，奠定了土地管理制度市场化改革和国有土地资源有偿使用制度的基础。这些制度法规促进政府在土地管理方式上由粗放型向集约型转变，用地更加趋于统筹规划。党的十七届三中全会通过的《中共中央关于推进农村改革发展若干重大问题的决定》明确提出"坚持最严格的耕地保护制度，层层落实责任，坚决守住十八亿亩耕地红线"。耕地的总量保护限制了建设用土地供给的总量，决定了我国的城市化进程不可能再依赖占用耕地来无限扩张。

近年来，一批沿海地区区域发展战略规划和指导意见相继得到了国务院的批准实施，包括辽宁沿海经济带发展规划、河北沿海地区发展规划、曹妃甸循环经济示范区产业发展总体规划、天津市城市总体规划（2005—2020 年）、黄河三角洲高效生态经济区发展规划、山东半岛蓝色经济区发展规划、江苏沿海地区发展规划、国务院关于推进上海加快发展现代服务业和先进制造业建设国际金融中心和国际航运中心的意见（上海"两个中心"）、海峡西岸经济区发展规划、珠江三角洲地区改革发展规划纲要（2008—2020 年）、广西北部湾经济区发展规划、关于推进海南国际旅游岛建设发展的若干意见等。为了配合这些沿海地区区域发展战略规划和指导意见的推进与实施，沿海各个省、直辖市、自治区在未来 10 年《土地利用总体规划》和《城乡建设发展规划》等相关规划中，都规划出规模庞大的工业与城镇建设用地需求。在严格的耕地保护制度和巨大的工业、城镇建设用地需求驱动下，很多沿海地方政府将发展方向推向了海洋，通过围填海解决建设用地不足或进行耕地占补平衡等在我国沿海已经成为普遍做法。统计发现，沿海各省、直辖市、自治区在土地利用总体规划中，都将一定比例的新增建设用地规划到海域范围，即通过围填海来满足新增建设用地指标。对全国沿海各省、直辖市、自治区未来 10 年的相关规划统计表明，全国沿海各省、直辖市、自治区规划围填海总面积达到 52×10^4 hm^2 以上，其中浙江省规划围填海面积高达 17.47×10^4 hm^2，占到总围填海面积的 30%；江苏省规划围填海面积 7.17×10^4 hm^2；上海市规划围填海面积 7.67×10^4 hm^2；山东省规划围填海面积 4.20×10^4 hm^2。通过实施大规模围填海用于工业、城镇建设，一方面可以部分解决工业、城镇建设用地指标紧缺的问题，促进招商引资、新城镇建设等社会经济发展，树立政府业绩；另一方面，近年来房地产开发热潮的持续升温，建设用地资源价格飙升，土地财政成为一些地方政府发家致富的"摇钱树"。围填海造地的低廉成本与毗邻土地的高额价格之间存在巨大的利润空间，使得一些地方政府将围填海当成新的发家致富的"摇钱树"。

一些地方政府主导编制超大规模、超出实际需求的区域建设用海规划，实施规模宏大的围填海工程。围填海形成的土地经整理开发，能即刻通过招标、拍卖出让的土地，政府就以建设用地出让，并获得数十亿元的经济利益；不能即刻出让的土地，地方政府还可以将围填海形成的土地作为抵押，从银行获取巨额贷款融资，以化解地方政府财政紧张的现实问题。通过围填海获取巨额的经济收益是驱动地方政府超需求大规模围填海的主要原因。例如，在全国围填海的重点区域——环渤海地区，截至 2015 年 12 月底，正式批复的区域建设用海规划共 23 个，其中辽宁 10 个，河北 4 个，天津 3 个，山东 6 个，批复的区域建设用海规划总面积 85 240.07 hm^2，其中围填海总面积达 65 093.92 hm^2，经济收益成为"十二五"期间和"十三五"期间驱动渤海地区大规模进行围填海活动的主要驱动力。

第四节　我国大规模围填海的政策驱动机制

2002 年颁布实施的《中华人民共和国海域使用管理法》确立了海洋功能区划制度、海域有偿使用制度和海域权属管理制度三项海域管理基本制度，确保了我国海域有序、有偿和科学使用。2006 年我国开始实行区域建设用海规划制度，对集中连片开发的海域要求编制规划、整体论证、整体上报。2012 年国务院批准了《全国海洋功能区划（2011—2020 年）》和沿海 11 个省级行政区海洋功能区划，新一轮全国和省级海洋功能区划提出了海域用途管制和围填海总量控制的双重管理手段。2012 年，国家发展和改革委员会、国家海洋局联合发布的《关于加强围填海规划计划管理的通知》《围填海计划管理办法》等文件，规定："围填海活动必须纳入围填海计划管理，围填海计划指标实行指令性管理，不得擅自突破"。当前，我国围填海管理基本形成了"区划统筹、规划引导、计划调节、科学论证、严格审批、强化监管"的格局。

但是，当前我国围填海管理仍然为大规模围填海留有余地。

（1）海洋功能区划编制受到地方政府和涉海部门的多方掣肘。最后成果多为多方利益博弈的结果，维护海洋生态系统自然属性的任务被置于次位。

（2）围填海计划指标尚未落实，存在个别地区指标虚报，过多申请，将计划指标的约束总规模当做发展规模。

（3）区域建设用海规划和围填海计划尚未完全无缝衔接。区域建设用海规划一般批复的是未来 5~10 年的用海规划，围填海计划只是针对当年的总用海规模限定，这就造成了围填海计划无法约束当年申请批复的区域建设用海规划，已经批复的区域建设用海规划可以在将来用作争取围填海计划指标的"砝码"。

（4）海域管理政策依然缺少行之有效的针对用海规模控制的区域建设用海规划或单体围填海项目的审查标准。为在区域建设用海规划或单个围填海项目中获批更多海域，海域申请者往往过分夸大发展目标或用海需求，对此目前却没有行之有效的审查标准，同时也缺少针对围填海的后续监督管理。

（5）违规违法围填海惩处力度不够。由于围填海造地一经实施形成陆地后，就很难恢复到原来海域的自然状态。一些人知法犯法，在没有得到审批的情况下，私自大规模围填海，海洋执法力量查处时多已围填成陆，无法恢复，只能以行政经济处罚的方式了结。而根据相关法律法规，经济处罚的金额只占到围填海利润的很少部分，且对很多地方政府主导的违规违法围填海案件的执行阻力很大。

因此，虽然当前我国的海域管理政策已趋于完善，但针对填海造地这一特殊用海的管理，仍相对宽松，为大规模围填海活动及粗放式围填海行为等提供了可乘之机。

第五节　我国大规模围填海的未来需求趋势分析

"十三五"时期是我国转变经济发展方式的关键时期，国家要求转变经济发展方式的5个基本要求必须贯穿经济社会发展全过程和各领域。

一是海洋管理部门已经逐步将转变经济发展方式的要求落实到海域管理工作中，强调以建设资源节约和环境友好型社会为围填海管理的着力点，按照适度从紧、集约利用、保护生态、陆海统筹的原则严格控制围填海规模；围绕保障和改善民生完善相关围填海管理政策，切实维护养殖用海者的合法权益；采取完善立法、项目审查、市场配置、协作配合、加强监管等措施，逐步完善围填海管理的相关配套制度。

二是在国家坚持和完善最严格的耕地保护制度，坚持最严格的节约用地制度的大背景下，城市建设用地快速扩张的趋势将得到遏制。

三是由于我国处于资源和环境约束不断强化的时期，高耗能、高消耗和土地利用率低等重化工业发展条件受到严重制约，也将减轻对土地资源的压力。

以上三个方面的转变，必然将减轻对围填海需求的压力。

根据对日本、韩国等围填海发展历程的分析发现，在快速城市化和工业化阶段，这些国家都经历过围填海规模迅速扩张时期，而后城镇和工业用围填海速度放慢。我国向沿海聚集的钢铁、石油等用海需求比较大的临海产业，普遍面临产能过剩的隐忧，经过3~5年的大规模建设，产能过剩的问题将逐步显性化，新上建设项目将逐年减少，围填海的压力也相应减轻。沿海港口既是占用海岸线和海域的主要产业部门，也是围填海需求的助推器。再经过5年的大规模建设，沿海港口吞吐能力过剩的问题也将显性化，因此而产生的围填海需求也有望减少。

在围填海成本方面，长期以来，我国大面积围填海区域基本是在高滩、低滩和海湾等适宜性较好的海域围填海。进入21世纪以来，我国沿海适宜围填海的海域日益珍贵，一是围填海的难度及需要填埋的水深加大，需要更多的填海材料，增加了填海成本；二是人力资本、填海原料成本、燃料费用增加是必然趋势，也势必增加填海成本；三是各类用海活动的矛盾更加突出，围填海生态补偿和相关利益者补偿成本将提高。

基于以上对国民经济总体发展趋势、围填海社会需求、围填海自然条件及相关国家的经验分析，以后我国大规模围填海步伐有望逐渐放缓。

第三章

区域建设用海规划设计指导指标

第一节　港口码头类区域建设用海规划设计指导指标

港口码头用海是我国主要用海类型之一，在功能区域上包括港口用海、航道用海和锚地用海，而港口用海又可细分为港池用海、堆场用海、码头装卸作业平台用海、货物疏送道路用海、辅助作业用海等。港口码头类区域建设用海规划多采取顺岸凸堤式用海设计，顺岸凸堤式用海设计需要关注的集约—生态用海内容包括：①围填海强度；②海岸线改变程度；③投资强度；④深水岸线效能；⑤生态补偿比例；⑥港池水环境质量。主要指导和评估指标包括：①围填海强度指数；②海岸线冗亏指数；③海域投资强度指数；④海岸线投资强度指数；⑤深水岸线效能指数；⑥滨海湿地净损失指数；⑦水体环境质量指数。各指数的计算方法及等级划分如下。

一、围填海强度指数

为了表示围填海空间规模强度，促进围填海空间聚集程度，减少围填海对原有海岸线的占用和破坏程度，采用围填海强度指数表征一定海岸线区域范围内的顺岸突堤式围填海规模及空间聚集程度。围填海强度指数为单位岸线长度（km）上承载的围填海面积（hm^2），计算公式为

$$I = \frac{S}{L} \qquad\qquad (3-1)$$

式中：I 为围填海强度指数；S 为港口码头类区域建设用海规划围填海总面积，hm^2；L 为港口码头类区域建设用海规划范围内围填海占用海岸线长度，km。

围填海强度指数可以划分为 5 个强度等级，当围填海强度指数 I 小于 50 时，为 I 级，说明港口码头类区域建设用海规划围填海强度极低，应加强海岸线的节约、集约利用，标准化赋值为 0.20；当围填海强度指数 I 大于等于 50 小于 100 时，为 II 级，说明港口码头类区域建设用海规划围填海强度较低，应注意海岸线的节约、集约利

33

用，标准化赋值为0.40；当围填海强度指数 I 大于等于100小于200时，为Ⅲ级，说明港口码头类区域建设用海规划围填海强度中等，注意节约、集约海岸线与围填海，标准化赋值为0.60；当围填海强度指数 I 大于等于200小于300时，为Ⅳ级，说明港口码头类区域建设用海规划围填海强度较高，围填海比较聚集，海岸线节约、集约利用程度较高，标准化赋值为0.80；当围填海强度指数 I 大于等于300时，为Ⅴ级，说明港口码头类区域建设用海规划围填海强度很高，围填海在空间上极为聚集，海岸线节约、集约利用程度极高，标准化赋值为1.00。围填海强度指数等级划分与标准化赋值见表3-1。

表3-1　围填海强度指数等级划分与标准化赋值

I 值（hm²/km）	强度等级	指标意义	标准化值
<50.0	Ⅰ级	围填海强度极低，应加强岸线的节约、集约利用	0.20
50.0~100.0	Ⅱ级	围填海强度较低，应注意岸线的节约、集约利用	0.40
100.0~200.0	Ⅲ级	围填海强度中等，注意节约、集约海岸线与围填海	0.60
200.0~300.0	Ⅳ级	围填海强度较高，应注意围填海的节约、集约利用	0.80
≥300.0	Ⅴ级	围填海强度很高，应加强围填海的节约、集约利用	1.00

二、海岸线冗亏指数

为了表征围填海对海岸线长度的改变程度，促进围填海尽量延伸人工海岸线长度，减少对原有海岸线的占用和破坏，采用海岸线冗亏指数表示围填海活动对海岸线长度的改变程度。围填海岸线冗亏指数为港口码头类区域建设用海规划范围内围填海新形成人工海岸线总长度与围填海占用原有海岸线长度的比值，计算公式为

$$R = \frac{L_n}{L_0} \qquad (3-2)$$

式中：R 为海岸线冗亏指数；L_n 为港口码头类区域建设用海规划范围内围填海新形成的人工海岸线长度，km；L_0 为港口码头类区域建设用海规划范围内围填海占用原有海岸线长度，km。

海岸线冗亏指数可以划分为5个冗亏等级，当海岸线冗亏指数 R 小于1.0时，为Ⅰ级，说明港口码头类区域建设用海规划范围内围填海缩短了海岸线长度，未能有效延伸海岸线长度，标准化赋值为0.20；当海岸线冗亏指数 R 大于等于1小于1.20时，

为Ⅱ级,说明港口码头类区域建设用海规划范围内围填海增加了海岸线长度,但增加海岸线长度很有限,标准化赋值为 0.40;当海岸线冗亏指数 R 大于等于 1.20 小于 1.50 时,为Ⅲ级,说明港口码头类区域建设用海规划范围内围填海增加了海岸线长度,海岸线长度有所冗余,标准化赋值为 0.60;当海岸线冗亏指数 R 小于等于 1.50 小于 3.00 时,为Ⅳ级,说明港口码头类区域建设用海规划范围内围填海海岸线冗余度较高,海岸线得到一定的延伸,标准化赋值为 0.80;当海岸线冗亏指数 R 大于等于 3.00 时,为Ⅴ级,说明港口码头类区域建设用海规划范围内围填海导致海岸线冗余度很高,海岸线得到有效的延伸,标准化赋值为 1.00。海岸线冗亏指数等级划分及标准化赋值见表 3-2。

表 3-2　围填海岸线冗亏等级划分与标准化赋值

R 值	冗亏等级	指标意义	标准化值
<1.0	Ⅰ级	围填海缩短了海岸线长度,岸线资源损失	0.20
1.0~1.20	Ⅱ级	围填海导致海岸线冗余,但冗余程度有限	0.40
1.20~1.50	Ⅲ级	围填海导致海岸线冗余,且冗余程度一般	0.60
1.50~3.0	Ⅳ级	围填海导致海岸线冗余,且冗余程度较高	0.80
≥3.0	Ⅴ级	围填海导致海岸线冗余,且冗余程度很高	1.0

三、海域投资强度指数

为了提高海域资源集约节约利用水平,防止低水平、粗放式用海,设置单位海域面积投资强度指数,用来判定某一港口码头类区域建设用海规划范围内项目用海围填多少合适的理论与技术标准。2012 年国家海洋局海域综合管理司实施了"产业用海面积控制指标"管理,通过调研,计算出主要港口码头用海行业投资强度—用海面积控制标准为 2238.64 万元/hm²。本书以上述调研为基础,建立单位海域面积投资强度指数,计算方法如下

$$JY_i = \frac{t_{ij}}{a_{ij} \cdot AT_{j0}} \qquad (3-3)$$

式中,JY_i 为项目 i 的单位海域面积投资强度指数;t_{ij} 为 j 行业项目 i 的总投资,万元;a_{ij} 为 j 行业项目 i 的用海面积,hm²;AT_{j0} 为 j 行业用海投资强度—用海面积控制标准。

海域面积投资强度指数可以划分为 5 个等级,当 JY_i 小于 0.50 时,集约用海等级

为Ⅰ级，标准化赋值0.20；当JY_i大于等于0.50小于0.80时，集约用海等级为Ⅱ级，标准化赋值0.40；当JY_i大于等于0.80小于1.00时，集约用海等级为Ⅲ级，标准化赋值0.60；当JY_i大于等于1.00小于3.00，集约用海等级为Ⅳ级，标准化赋值0.80；当JY_i大于等于3.00时，集约用海等级为Ⅴ级，标准化赋值1.00。单位海域面积投资强度指数等级划分与标准化赋值具体见表3-3。

表3-3 单位海域面积投资强度等级划分与标准化赋值

JY值（万元/hm²）	投资强度等级	指标意义	标准化值
<0.50	Ⅰ级	投资强度极低	0.20
0.50~0.80	Ⅱ级	投资强度较低	0.40
0.80~1.00	Ⅲ级	投资强度中等	0.60
1.00~3.00	Ⅳ级	投资强度较高	0.80
≥3.00	Ⅴ级	投资强度很高	1.00

四、海岸线投资强度指数

海岸线既是临海产业发展最重要的载体，也是重要的生态交错带，集约利用海岸线不仅能提高海岸线资源开发利用的经济效益，也是保护海岸生态功能的重要抓手。根据产业用海用岸特点，港口码头用岸属于功能性用岸。所谓功能性用岸是指为了实现海岸的某种功能而开发利用，其目的是依托海岸线实现海域的功能。为了反映港口码头类区域建设用海规划海岸线利用的集约程度，本书同样建立了单位海岸线投资强度指数，计算方法如下

$$CY_i = \frac{t_{ij}}{l_{ij} \cdot CT_{j0}} \tag{3-4}$$

式中：CY_i为项目i的海岸线投资强度指数；t_{ij}为j行业项目i的总投资，万元；l_{ij}为j行业项目i的海岸线占用长度，km；CT_{j0}为j行业港口码头类项目用海投资强度—岸线占用控制标准。

2012年国家海洋局海域综合管理司制定了"产业用海面积控制指标"，通过调研测算，计算出主要港口码头类项目投资强度—用岸面积控制标准为83 333.33万元/km。海岸线投资强度指数可以划分为5个等级，CY_i小于0.50，海岸线集约利用等级为Ⅰ级，标准化赋值0.20；CY_i大于等于0.50小于0.80时，海岸线集约利用等级为Ⅱ级，

标准化赋值 0.40；CY_i 大于等于 0.80 小于 1.00 时，海岸线集约利用等级为 Ⅲ 级；标准化赋值 0.60；CY_i 大于等于 1.00 小于 3.00 时，海岸线集约利用等级为 Ⅳ 级，标准化赋值 0.80；CY_i 大于等于 3.00 时，海岸线集约利用等级为 Ⅴ 级，标准化赋值 1.00。单位海岸线投资强度等级划分与标准化赋值见表 3-4。

表 3-4 单位海岸线投资强度等级划分与标准化赋值

CY 值（万元/km）	投资强度等级	指标意义	标准化值
<0.50	Ⅰ 级	投资强度极低	0.20
0.50~0.80	Ⅱ 级	投资强度较低	0.40
0.80~1.00	Ⅲ 级	投资强度中等	0.60
1.00~3.00	Ⅳ 级	投资强度较高	0.80
≥3.00	Ⅴ 级	投资强度很高	1.00

五、深水岸线效能指数

为了集约高效利用深水岸线，提高深水岸线利用的经济效益，采用深水岸线效能指数表征港口码头类区域建设用海规划中深水岸线的利用效能。深水岸线效能指数为单位港口码头海岸线的年货物吞吐量，也可用单位港口码头海岸线的经济产值表征，计算公式如下

$$U_n = \frac{T_0}{L_n} \tag{3-5}$$

$$V_n = \frac{Z_0}{L_n} \tag{3-6}$$

式中：U_n 为深水岸线效能指数；T_0 为港口码头类区域建设用海规划设计的年货物吞吐量，$\times 10^4$ t；L_n 为港口码头类区域建设用海规划范围内的深水岸线总长度，km；V_n 为深水岸线产能指数；Z_0 为港口码头类区域建设用海规划设计的港口码头年产值，元。

根据港口码头深水岸线利用的效能和产能情况，将深水岸线效能指数划分为 5 个利用等级。当深水岸线效能指数 U_n 小于 2 000.00 时，为 Ⅰ 级，港口码头类区域建设用海规划深水岸线利用效能极低，应加强集约利用，标准化赋值为 0.20；当深水岸线效能指数 U_n 大于等于 2 000.00 小于 5 000.00 时，为 Ⅱ 级，港口码头类区域建设用海规划深水岸线利用效能较低，应注意集约利用，标准化赋值为 0.40；当深水岸线

效能指数 U_n 大于等于 5 000.00 小于 10 000.00 时，为Ⅲ级，港口码头类区域建设用海规划深水岸线利用效能中等，标准化赋值为 0.60；当深水岸线效能指数 U_n 大于等于 10 000.00 小于 15 000.00 时，为Ⅳ级，港口码头类区域建设用海规划深水岸线利用效能较高，标准化赋值为 0.80；当深水岸线效能指数 U_n 大于等于 15 000.00 时，为Ⅴ级，港口码头类区域建设用海规划深水岸线利用效能极高，标准化赋值为 1.00。港口码头深水岸线效能指数等级划分与标准化赋值见表 3-5。

表 3-5　港口码头深水岸线效能指数等级划分与标准化赋值

U_n 值（×10⁴ t/km）	利用等级	指标意义	标准化值
<2000.00	Ⅰ级	深水岸线利用效能极低	0.20
2000.00~5000.00	Ⅱ级	深水岸线利用效能较低	0.40
5000.00~10000.00	Ⅲ级	深水岸线利用效能中等	0.60
10000.00~15000.00	Ⅳ级	深水岸线利用效能较高	0.80
≥15000.00	Ⅴ级	深水岸线利用效能极高	1.00

六、滨海湿地净损失指数

顺岸突堤式港口码头建设多以填埋、占用、挖深滨海湿地为代价的。为了保护滨海湿地的生态功能，实现港口码头建设减少对滨海湿地的占用和破坏。美国近年来实施的湿地补偿银行可为我国港口码头建设生态补偿与生态化建设提供借鉴，即所有港口码头用海项目应尽量少占用滨海湿地，对于必须围填占用滨海湿地的港口码头用海项目，项目建设方必须在毗邻岸线海域重新营造等面积的滨海湿地，以实现区域滨海湿地零减少的总体目标。为了强化滨海湿地占用损失与补偿重建的质量平衡管理，维护海岸生态功能，采用滨海湿地净损失指数来表征港口码头类区域建设用海规划设计对滨海湿地的占用—补偿情况，滨海湿地净损失指数计算方法如下

$$WD = \frac{S_t + S_w - A_t - A_w}{S_t + S_w} \qquad (3-7)$$

式中：WD 为湿地净损失指数；S_t 为港口码头类区域建设用海规划占用和破坏的潮间带湿地面积；S_w 为港口码头类区域建设用海规划占用和破坏的最大低潮线至 -6 m 等深线区域湿地面积；A_t 为港口码头类区域建设用海规划恢复重建的潮间带湿地面积；A_w 为港口码头类区域建设用海规划恢复重建的最大低潮线至 -6 m 等深线区域湿地面积。

滨海湿地净损失指数可以划分为 5 个等级，当滨海湿地净损失指数 WD 小于 0.20 时，说明港口码头类区域建设用海规划占用和破坏的滨海湿地生态补偿很高，滨海湿地净损失极少，标准化赋值 1.00；当滨海湿地净损失指数 WD 大于等于 0.20 小于 0.40 时，说明港口码头类区域建设用海规划占用和破坏的滨海湿地生态补偿高，滨海湿地净损失较少，标准化赋值 0.80；当滨海湿地净损失指数 WD 大于等于 0.40 小于 0.60 时，说明港口码头类区域建设用海规划占用和破坏的滨海湿地生态补偿较高，滨海湿地净损失中等，标准化赋值 0.60；当滨海湿地净损失指数 WD 大于等于 0.60 小于 0.80 时，说明港口码头类区域建设用海规划占用和破坏的滨海湿地生态补偿较低，滨海湿地净损失多，标准化赋值 0.40；当滨海湿地净损失指数 WD 大于等于 0.80 时，说明港口码头类区域建设用海规划占用和破坏的滨海湿地生态补偿很低，滨海湿地净损失很多，标准化赋值 0.20。滨海湿地净损失指数等级划分与标准化赋值见表 3-6。

表 3-6　滨海湿地净损失指数等级划分与标准化赋值

WD 值	等级	指标意义	标准化值
<0.20	Ⅰ级	湿地生态补偿很高，滨海湿地净损失极少	1.00
0.20~0.40	Ⅱ级	湿地生态补偿高，滨海湿地净损失较少	0.80
0.40~0.60	Ⅲ级	滨海湿地生态补偿较高，滨海湿地净损失中等	0.60
0.60~0.80	Ⅳ级	湿地生态补偿较低，滨海湿地净损失多	0.40
≥0.80	Ⅴ级	湿地生态补偿很低，滨海湿地净损失很多	0.20

七、水体环境质量指数

港口码头水域船只往来停靠装卸频繁，船舶废弃物排放、装卸货物散落、船舶油污等都会对港口码头水域水体环境造成污染，影响海洋水体的生态与景观功能。为了维护港口码头水域海洋水体的生态与景观功能，实现港口码头水体的生态使用，采用水体环境质量指数描述港口码头水域的水体环境质量及其持续时间。水体环境质量指数计算方法如下

$$Q = \frac{1}{n} \sum_{i=1}^{n} \frac{dN_i}{365N_{i0}} \qquad (3-8)$$

式中：Q 为水体环境质量指数；N_i 为第 i 种污染物的实测浓度；N_{i0} 为港口码头类区域建设用海规划第 i 种污染物的三类水质标准；n 为参与监测评价的污染物种类；d 为

一年内该污染物浓度持续的天数。

　　水体环境质量指数可以划分为 5 个等级，当水体环境质量指数 Q 小于 0.05 时，为 I 级，说明港口码头区域建设用海规划范围内水域水体环境质量很好，船舶航行泊卸对于水域水体环境质量影响很小，标准化赋值为 0.20；当水体环境质量指数 Q 大于等于 0.05 小于 0.15 时，为 II 级，说明港口码头区域建设用海规划范围内水域水体环境质量好，船舶航行泊卸对于水域水体环境质量影响小，标准化赋值为 0.40；当水体环境质量指数 Q 大于等于 0.15 小于 0.25 时，为 III 级，说明港口码头区域建设用海规划范围内水域水体环境质量较好，船舶航行泊卸对于水域水体环境质量影响较小，标准化赋值为 0.60；当水体环境质量指数 Q 大于等于 0.25 小于 0.35 时，为 IV 级，说明港口码头区域建设用海规划范围内水域水体环境质量较差，船舶航行泊卸对于水域水体环境质量影响大，标准化赋值为 0.80；当水体环境质量指数 Q 大于等于 0.35 时，为 V 级，说明港口码头区域建设用海规划范围内水域水体环境质量差，船舶航行泊卸对于水域水体环境质量影响很大，标准化赋值为 1.00。水体环境质量指数等级划分与标准化赋值见表 3-7。

表 3-7　水体环境质量指数等级划分与标准化赋值

Q 值	等级	指标意义	标准化值
<0.05	I 级	水体环境质量很好	0.20
0.15~0.05	II 级	水体环境质量好	0.40
0.15~0.25	III 级	水体环境质量较好	0.60
0.25~0.35	IV 级	水体环境质量较差	0.80
≥0.35	V 级	水体环境质量差	1.00

第二节　临海工业类区域建设用海规划设计指导指标

临海工业和临港工业都是临海型工业，以临海工业为主要内容的区域建设用海规划是将海岸区域通过围填海建设成临海型工业园区，用以发展临海工业。主要临海工业包括钢铁产业、石油炼化产业、船舶修造产业、煤电产业等。临海工业集约—生态用海关注的主要方面包括：①海域空间资源的集约、节约利用；②海岸线资源的集约、节约利用；③滨海湿地的占用与生态补偿；④生产、生活、生态空间的比例；⑤污水循环利用比例；⑥产业准入门槛设定；⑦毗邻海域水体环境质量。主要指导和评估指标包括：①围填海强度指数；②海域投资强度指数；③海洋经济产值指数；④水资源用排指数；⑤生产—生活—生态用地指数；⑥湿地净损失指数；⑦水体环境质量指数；⑧产业门槛指数。其中围填海强度指数、海域投资强度指数、湿地净损失指数、水体环境质量指数的计算方法见港口码头类区域建设用海规划设计指导指标，水资源用排指数、海洋经济产值指数、生产—生活—生态用地指数、产业门槛指数的计算方法及等级划分如下。

一、水资源用排指数

为了减少污水达标排放量，促进临海工业节约循环利用水资源，减轻临海工业对海洋环境的影响，采用水资源用排指数表征临海工业耗用的水资源与污水达标排放的水资源数量比例，水资源用排指数计算方法如下

$$Z = \frac{W_f}{W_j} \qquad\qquad (3-9)$$

式中：Z 为水资源用排指数；W_j 为临海工业类区域建设用海规划范围内临海工业年水资源耗用总量；W_f 为临海工业类区域建设用海规划范围内临海工业年污水达标排放总量。

水资源用排指数可以划分为 5 个强度等级，当水资源用排指数 Z 小于 0.20 时，为 I 级，说明临海工业类区域建设用海规划水资源循环利用率高，污水达标排放比例很小，标准化赋值 1.00；当水资源用排指数 Z 大于等于 0.20 小于 0.40 时，为 II 级，说明临海工业类区域建设用海规划水资源循环利用率较高，污水达标排放比例小，标准化赋值 0.80；当水资源用排指数 Z 大于等于 0.40 小于 0.60 时，为 III 级，说明临海工业类区域建设用海规划水资源循环利用率较低，污水达标排放比例大，标准化赋值 0.60；当水资源用排指数 Z 大于等于 0.60 小于 0.80 时，为 IV 级，说明临海工业类区域建设用海规划水资源循环利用率低，污水达标排放比例很大，标准化赋值 0.40；当水资源用排指数 Z 大于等于 0.80 时，为 V 级，说明临海工业类区域建设用海规划水资源循环利用率极低，污水达标排放比例极大，标准化赋值 0.20。水资源用排指数等级划分与标准化赋值见表 3-8。

表 3-8　水资源用排指数等级划分与标准化赋值

Z	强度等级	指标意义	标准化值
<0.20	I 级	水资源循环利用率高，污水达标排放比例很小	1.00
0.20~0.40	II 级	水资源循环利用率较高，污水达标排放比例小	0.80
0.40~0.60	III 级	水资源循环利用率较低，污水达标排放比例大	0.60
0.60~0.80	IV 级	水资源循环利用率低，污水达标排放比例很大	0.40
≥0.80	V 级	水资源循环利用率极低，污水达标排放比例极大	0.20

二、海洋经济产值指数

临海工业园区是创造海洋经济产值的聚集区。为了提高海域使用的经济效益，促进临海工业用海的集约程度，采用海洋经济产值指数表征临海工业类区域建设用海规划围填海进行工业生产产生的经济价值。海洋经济产值指数为临海工业区内单位面积围填海每年生产产品的经济产值，计算公式如下

$$HJ = \frac{\sum_{i=1}^{n} V_i}{S} \tag{3-10}$$

式中：HJ 为海洋经济产值指数，万元/hm²；V_i 为临海工业类区域建设用海规划围填海区域内布置的第 i 个企业的年产值；S 为临海工业类区域建设用海规划围填海总面

积；n 为临海工业类区域建设用海规划围填海区域内布置的企业数量。

海洋经济产值指数可以划分为 5 个等级，当海洋经济产值指数 HJ 小于 200.00 时，为Ⅰ级，说明临海工业类区域建设用海规划围填海经济产值极低，海域集约利用极差，标准化赋值为 0.20；当海洋经济产值指数 HJ 大于等于 200.00 小于 1 000 时，为Ⅱ级，说明临海工业类区域建设用海规划围填海经济产值较低，海域集约利用较差，标准化赋值 0.40；当海洋经济产值指数 HJ 大于等于 1 000.00 小于 3 000 时，为Ⅲ级，说明临海工业类区域建设用海规划围填海经济产值较高，海域集约利用较好，标准化赋值 0.60；当海洋经济产值指数 HJ 大于等于 3 000.00 小于 5 000 时，为Ⅳ级，说明临海工业类区域建设用海规划围填海经济产值高，海域集约利用好，标准化赋值 0.80；当海洋经济产值指数 HJ 大于等于 5 000.00 时，为Ⅳ级，说明临海工业类区域建设用海规划围填海经济产值很高，海域集约利用很好，标准化赋值 1.00。海洋经济产值指数等级划分及标准化赋值见表 3-9。

表 3-9　海洋经济产值指数等级划分与标准化

HJ 值	等级	指标意义	标准化值
<200.00	Ⅰ级	围填海经济产值极低，海域集约利用极差	0.20
200.00~1 000	Ⅱ级	围填海经济产值较低，海域集约利用较差	0.40
1 000~3 000	Ⅲ级	围填海经济产值较高，海域集约利用较好	0.60
3 000~5 000	Ⅳ级	围填海经济产值高，海域集约利用好	0.80
≥5 000	Ⅴ级	围填海经济产值很高，海域集约利用很好	1.00

三、生产—生活—生态用地指数

临海工业区合理布置好生产、生活、生态用地，对提高工业生产，便利工人生活、维护园区生态具有重要的意义。为此，临海工业区要合理配置生产、生活、生态用地。为促进临海工业区合理布置生产、生活、生态用地比例，采用三生指数（生产—生活—生态用地指数）表征临海工业区生产、生活、生态用地比例，其中生产用地包括各类企业厂房、堆场、露天生产等直接供工业生产的用地；生活用地包括居民区、商贸区、道路、医院、学校、文化娱乐场地、基础设施用地等；生态用地包括绿地、林地、湿地、水体等用于生态美化的用地。三生指数计算方法如下

$$SS = \frac{SC}{S_0} : \frac{SH}{S_0} : \frac{ST}{S_0} \qquad (3\text{--}11)$$

式中：SS 为三生指数；S_0 为临海工业类区域建设用海规划围填海总面积；SC 为生产用地面积；SH 为生活用地面积；ST 为生态用地面积。三生指数 SS 的指导比例为 2：1：1，当 SS 大于 8：1：1 时，说明生产用地比例过高，生活用地和生态用地比例不足，标准化赋值 0.40；当 SS 处于 8：1：1 至 3：1：1 之间时，说明生产用地比例高，生活用地和生态用地比例较低，标准化赋值 0.80；当 SS 处于 3：1：1 至 2：1：1 之间时，生产用地、生活用地和生态用地比例适中，标准化赋值 1.00；当 SS 处于 2：1：1 至 1：1：1 之间时，说明生活用地、生态用地比例大，标准化赋值 0.80；当 SS 处于 2：1：1 至 1：2：1 之间时，说明生活用地比例极大，标准化赋值 0.60；当 SS 处于 2：1：1 至 1：1：2 之间时，说明生态用地比例极大，标准化赋值 0.40。三生指数等级划分见表 3-10。

表 3-10　三生指数等级划分及标准化赋值

SS	投资强度等级	指标意义	标准化值
>8：1：1	Ⅰ级	生产用地比例过高，生活用地和生态用地比例不足	0.40
8：1：1 至 3：1：1	Ⅱ级	生产用地比例高，生活用地和生态用地比例较低	0.80
3：1：1 至 2：1：1	Ⅲ级	生产用地、生活用地和生态用地比例适中	1.00
2：1：1 至 1：1：1	Ⅳ级	生活用地、生态用地比例大	0.80
2：1：1 至 1：2：1	Ⅴ级	生活用地比例极大	0.60
2：1：1 至 1：1：2	Ⅵ级	生态用地比例极大	0.40

四、产业门槛指数

为了限制高耗能、高污染、高风险产业沿海布局，促进临海产业尽快优化产业结构，提高生产效能，采用产业门槛指数表征区域建设用海规划范围内入住的国家禁止和限制类产业企业比例，产业门槛指数为区域建设用海规范范围内布置的国家禁止和限制类产业企业产值占区域建设用海规划内临海产业总产值的比例，计算方法如下

$$CM = \frac{\sum_{j=1}^{m} U_j}{\sum_{i=1}^{n} V_i} \qquad (3\text{--}12)$$

式中：CM 为产业门槛指数；V_i 为临海工业类区域建设用海规划范围内第 i 个企业产值；U_j 为临海工业类区域建设用海规划范围内第 j 个国家禁止和限制产业企业产值；n 为临海工业类区域建设用海规划范围内企业数量；m 为临海工业类区域建设用海规划范围内国家禁止和限制类产业企业数量。

国家禁止和限制类产业见《国家禁止和限制产业目录》。产业门槛指数可以划分为 5 个等级，当产业门槛指数 CM 大于 0.80 时，为 Ⅰ 级，国家禁止和限制产业类企业比例极高，标准化赋值 0.20；当产业门槛指数 CM 大于 0.60 小于等于 0.80 时，为 Ⅱ 级，国家禁止和限制产业类企业比例很高，标准化赋值 0.40；当产业门槛指数 CM 大于 0.40 小于等于 0.60 时，为 Ⅲ 级，国家禁止和限制产业类企业比例高，标准化赋值 0.60；当产业门槛指数 CM 大于 0.20 小于等于 0.40 时，为 Ⅳ 级，国家禁止和限制产业类企业比例较高，标准化赋值 0.80；当产业门槛指数 CM 小于等于 0.20 时，为 Ⅴ 级，国家禁止和限制产业类企业比例较低，标准化赋值 1.00。产业门槛指数等级划分标准见表 3-11。

表 3-11　产业门槛指数等级划分与标准化赋值

CM 值	投资强度等级	指标意义	标准化值
>0.80	Ⅰ 级	国家禁止和限制产业类企业比例极高	0.20
0.60~0.80	Ⅱ 级	国家禁止和限制产业类企业比例很高	0.40
0.40~0.60	Ⅲ 级	国家禁止和限制产业类企业比例高	0.60
0.20~0.40	Ⅳ 级	国家禁止和限制产业类企业比例较高	0.80
≤0.20	Ⅴ 级	国家禁止和限制产业类企业比例较低	1.00

第三节　滨海城镇类区域建设用海规划设计指导指标

滨海城镇用海是当前我国海域使用的一种新形式，也是一种很具有发展前景的用海类型。加强滨海城镇用海的集约化、生态化管控与引导对于建设美丽海岸，落实海洋生态文明战略要求具有重要的意义。滨海城镇区域建设用海规划以建设和发展滨海城镇为主，主要是通过围填海拓展城市发展空间，建设滨海城市、城镇、新区等商住功能区。滨海城镇类区域建设用海规划设计关注的主要方面包括：①海域资源的集约、节约利用；②海岸线资源的集约、节约利用；③滨海湿地的占用与生态补偿；④亲海空间与亲海岸线；⑤绿地比例；⑥人口密度；⑦毗邻海域水体环境质量。主要指导和评估指标包括：①围填海强度指数；②海域投资强度指数；③海岸线冗亏指数；④亲海岸线指数；⑤绿地比例；⑥湿地净损失指数；⑦水体环境质量指数；⑧人均空间；⑨临岸区域指数；⑩水域景观指数。其中围填海强度指数、海岸线冗亏指数、海域投资强度指数、湿地净损失指数、水体环境质量指数的计算方面见港口码头类区域建设用海规划设计指导指标，亲海岸线指数、临岸区域指数、水域景观指数、绿地比例和人均空间的计算方法及等级划分如下。

一、亲海岸线指数

为了促进滨海城镇建设对人民群众亲海、亲水环境的营造程度，增加有效亲海、亲水海岸线长度，满足人民群众日益增长的亲海、亲水需求，采用亲海岸线指数表征滨海城镇建设对亲海岸线的营造程度。亲海岸线指数为滨海城镇建设区域新增公众亲海岸线长度与滨海城镇建设形成海岸线总长度的比值，其计算公式为

$$C_z = \frac{L_p}{L_t} \tag{3-13}$$

式中：C_z 为亲海岸线指数；L_p 为滨海城镇区域建设用海规划新增公众亲海岸线长度，

这里的公众亲海岸线是指社会公众能够自由到达的海岸空间；L_t 为滨海城镇区域建设用海规划形成的海岸线总长度。

根据亲海岸线指数大小可划分为 5 个亲海等级，当亲海岸线指数 C_z 小于 0.10 时，为 Ⅰ 级，说明滨海城镇建设营造的亲海岸线比例很低，不能满足公众的亲海、看海需求，标准化赋值为 0.20；当亲海岸线指数 C_z 大于等于 0.10 小于 0.20 时，为 Ⅱ 级，说明滨海城镇建设营造的亲海岸线比例较低，限制公众的亲海、看海需求，标准化赋值为 0.40；当亲海岸线指数 C_z 大于等于 0.20 小于 0.30 时，为 Ⅲ 级，说明滨海城镇建设营造的亲海岸线比例高，可满足公众的亲海、看海需求，标准化赋值为 0.60；当亲海岸线指数 C_z 大于等于 0.30 小于 0.50 时，为 Ⅳ 级，说明滨海城镇建设营造的亲海岸线比例很高，可极大地满足公众的亲海、看海需求，标准化赋值为 0.80；当亲海岸线指数 C_z 大于等于 0.50 时，为 Ⅴ 级，说明滨海城镇建设营造的亲海岸线比例极高，可最大程度地满足公众的亲海、看海需求，标准化赋值为 1.00。亲海岸线指数等级划分和标准化赋值见表 3-12。

表 3-12　滨海城镇亲海岸线等级划分与标准化赋值

C_z 值	亲海等级	指标意义	标准化值
<0.10	Ⅰ级	亲海岸线比例很低	0.20
0.10~0.20	Ⅱ级	亲海岸线比例较低	0.40
0.20~0.30	Ⅲ级	亲海岸线比例高	0.60
0.30~0.50	Ⅳ级	亲海岸线比例很高	0.80
≥0.50	Ⅴ级	亲海岸线比例极高	1.00

二、临岸区域指数

为了控制大区块围填海建设滨海城镇对海洋环境造成的累积影响，促进滨海城镇向人工岛、人工群岛等亲水化模式发展，同时提高滨海城镇建设形成土地的临岸效果，采用临岸区域指数表征滨海城镇建设中邻近海岸线区域面积比例的大小。临岸区域指数为海岸线 500 m 范围内的围填海形成土地面积与滨海城镇建设围填海形成土地总面积的比例。计算方法如下

$$A_c = \frac{S_{500}}{S_0} \tag{3-14}$$

式中：A_c 为临岸区域指数；S_0 为滨海城镇建设围填海形成土地总面积，hm^2；S_{500} 为滨海城镇海岸线 500 m 范围内围填海形成的土地面积，hm^2。

为了表征滨海城镇建设的临岸区域面积比例，将临岸区域指数划分为 5 个等级，当临岸区域指数 A_c 小于 0.20 时，说明单块围填海面积规模过大，且围填海空间形状很紧凑，海岸线延伸长度很有限，临岸区域比例很低，标准化赋值为 0.20；当临岸区域指数 A_c 大于等于 0.20 小于 0.40 时，说明单块围填海面积规模较大，且空间形状较紧凑，海岸线延伸长度有限，临岸区域比例较低，标准化赋值为 0.40；当临岸区域指数 A_c 大于等于 0.40 小于 0.60 时，说明单块围填海面积规模大，空间形状趋于复杂，海岸线得到一定延伸，临岸区域比例中等，标准化赋值为 0.60；当临岸区域指数 A_c 大于等于 0.60 小于 0.80 时，说明单块围填海面积规模小，或空间形状较复杂，临岸区域比例较高，标准化赋值为 0.80；当临岸区域指数 A_c 大于等于 0.80 时，说明单块围填海面积规模较小，或空间形状很复杂，临岸区域比例很高，标准化赋值为 1.00。临岸区域指数等级划分与标准化赋值见表 3-13。

表 3-13　临岸区域指数等级划分与标准化赋值

A_c 值	等级	指标意义	标准化值
<0.20	Ⅰ级	单块围填海面积规模过大，临岸区域比例很低	0.20
0.20~0.40	Ⅱ级	单块围填海面积规模较大，临岸区域比例较低	0.40
0.40~0.60	Ⅲ级	单块围填海面积规模大，临岸区域比例中等	0.60
0.60~0.80	Ⅳ级	单块围填海面积规模适中，临岸区域比例较高	0.80
≥0.80	Ⅴ级	单块围填海面积规模较小，临岸区域比例很高	1.00

三、水域景观指数

为了在滨海城镇类区域建设用海规划范围内保留充足的水域面积，提高滨海城镇建设的亲水、亲海环境，增强滨海城镇区域的水域景观效果，同时改善局部海域生态环境，采用水域景观指数表征滨海城镇类区域建设用海规划范围内的水域景观预留程度。水域景观指数为区域建设用海规划范围内水域预留面积占区域建设用海规划总面积的比例。计算公式如下

$$A_w = \frac{S_w}{S_0} \qquad (3-15)$$

式中：A_w 为水域景观指数；S_0 为区域建设用海规划总面积，hm^2，S_w 为区域建设用海规划范围内水域预留面积，hm^2。

根据区域建设用海规划范围内水域景观指数大小，将水域景观指数划分为 5 个等级。当水域景观指数 A_w 小于 0.05 时，为 I 级，说明水域面积预留很少，亲海水域贫乏，标准化赋值为 0.20；当水域景观指数 A_w 大于等于 0.05 小于 0.15 时，为 II 级，说明水域面积预留较少，亲海水域较贫乏，标准化赋值为 0.40；当水域景观指数 A_w 大于等于 0.15 小于 0.25 时，为 III 级，说明水域面积预留较充足，亲海水域较丰富，标准化赋值为 0.60；当水域景观指数 A_w 大于等于 0.25 小于 0.35 时，为 IV 级，说明水域面积预留充足，亲海水域丰富，标准化赋值为 0.80；当水域景观指数 A_w 大于等于 0.35 时，为 V 级，说明水域面积预留很充足，亲海水域很丰富，标准化赋值为 1.00。水域景观指数等级划分及标准化赋值见表 3-14。

表 3-14　水域景观指数划分与标准化赋值

A_w 值	等级	指标意义	标准化值
<0.05	I 级	水域面积预留很少，亲海水域贫乏	0.20
0.05~0.15	II 级	水域面积预留较少，亲海水域一般	0.40
0.15~0.25	III 级	水域面积预留较充足，亲海水域较丰富	0.60
0.25~0.35	IV 级	水域面积预留充足，亲海水域丰富	0.80
≥0.35	V 级	水域面积预留很充足，亲海水域很丰富	1.00

四、绿地比例

绿地是新型城镇的重要空间组成部分，它不仅可以净化空气，美化环境，保护生物，还可以为市民提供休闲、娱乐、避难逃生的户外场所，但过高比例的绿地则会造成海域资源的浪费和高昂的绿地维护费用。所以绿地比例已成为当前城镇规划和建设的重要定量考核指标，这里的绿地包括草坪、草地、灌丛、树林、水域、湿地等具有绿色生态功能的城市用地。绿地比例的计算方法如下

$$LD = \frac{\sum_{i=1}^{m} U_i}{S_{总}} \qquad (3-16)$$

式中：LD 为绿地比例；$S_{总}$ 为滨海城镇类区域建设用海规划总面积；U_i 为第 i 块绿地面积；n 为滨海城镇类区域建设用海规范范围内绿地总块数。

绿地比例可以划分为 5 个等级，当 LD 小于 0.10 时，为 I 级，城镇绿地比例极

低，标准化赋值0.40；当 LD 大于等于0.10小于0.20时，为Ⅱ级，城镇绿地比例低，标准化赋值0.60；当 LD 大于等于0.20小于0.40时，为Ⅱ级，城镇绿地比例适中，标准化赋值1.00；当 LD 大于等于0.40小于0.50时，为Ⅲ级，城镇绿地比例较高，标准化赋值0.60；当 LD 大于等于0.50时，为Ⅳ级，城镇绿地比例高，标准化赋值0.40。绿地比例等级划分具体见表3-15。

表3-15　绿地比例等级划分与标准化赋值

LD 值	等级	指标意义	标准化值
<0.10	Ⅰ级	城镇绿地比例极低	0.40
0.10~0.20	Ⅱ级	城镇绿地比例低	0.60
0.20~0.40	Ⅲ级	城镇绿地比例适中	1.00
0.40~0.50	Ⅳ级	城镇绿地比例较高	0.60
≥0.50	Ⅴ级	城镇绿地比例高	0.40

五、人均空间

滨海城镇的承载对象是人，提供人居环境是滨海城镇建设的主要目的。保持适度的人均空间是滨海城镇人居环境适宜程度的重要衡量指标，同时人均空间也是控制滨海城镇发展规模的重要指标。因此，采用人均空间表征滨海城镇类区域建设用海规划的环境适宜程度和规模适宜程度，人均空间就是滨海城镇类区域建设用海规划的入住总人口和规划总面积的比例，计算方法如下

$$RJ = \frac{P_{总}}{S_{总}} \tag{3-17}$$

式中：RJ 为人均空间，人/hm^2；$S_{总}$ 为滨海城镇类区域建设用海规划总面积；$P_{总}$ 为滨海城镇类区域建设用海规划范围内入住总人口。

人均空间可以划分为5个等级，当 RJ 小于50时，为Ⅰ级，城镇规模过大，入住人口稀疏，标准化赋值0.40；当 RJ 大于等于50小于100时，为Ⅱ级，城镇规模较大，入住人口较稀疏，标准化赋值0.60；当 RJ 大于等于100小于150时，为Ⅲ级，城镇规模适中，入住人口适宜，标准化赋值1.00；当 RJ 大于等于150小于200时，为Ⅳ级，城镇规模紧凑，入住人口较密，标准化赋值0.80；当 RJ 大于等于200时，为Ⅴ级，城镇规模很紧凑，入住人口很密，标准化赋值0.60。人均空间分级标准及

标准化赋值见表3-16。

表 3-16 人均空间等级划分与标准化赋值

RJ（人/hm²）	等级	指标意义	标准化值
<50.00	Ⅰ级	城镇规模过大，入住人口稀疏	0.40
50.00~100.00	Ⅱ级	城镇规模较大，入住人口较稀疏	0.60
100.00~150.00	Ⅲ级	城镇规模适中，入住人口适宜	1.00
150.00~200.00	Ⅳ级	城镇规模紧凑，入住人口较密	0.80
≥200.00	Ⅴ级	城镇规模很紧凑，入住人口很密	0.60

第四节　旅游娱乐类区域建设用海规划设计指导指标

旅游休闲娱乐用海是开发海洋旅游资源，振兴海洋经济的一种新型海洋产业用海。旅游休闲娱乐用海近年来快速增长，以旅游休闲娱乐为主要内容的区域建设用海规划也日渐增多。旅游休闲娱乐类区域建设用海规划应主要关注：①海域资源集约、节约使用；②海岸线资源的集约、节约利用；③滨海湿地的占用与生态补偿；④亲海空间与亲海岸线；⑤景观多样性与娱乐项目的丰富性；⑥旅游基础设施建设比例；⑦毗邻海域水体环境质量。主要指导和评估指标包括：①围填海强度指数；②海域投资强度指数；③海岸线冗亏指数；④亲海岸线指数；⑤景观多样性指数；⑥湿地净损失指数；⑦水体环境质量指数；⑧娱乐类型丰富度指数；⑨临岸区域指数；⑩水域景观指数；⑪旅游基础设施指数；⑫海洋廊道指数。其中围填海强度指数、海岸线冗亏指数、海域投资强度指数、湿地净损失指数、水体环境质量指数的计算方法见港口码头类区域建设用海规划设计指导指标；亲海岸线指数、临岸区域指数、水域景观指数的计算方法见滨海城镇类区域建设用海规划设计指导指标；海洋廊道指数、旅游基础设施指数、娱乐类型丰富度指数、景观多样性指数计算方法如下。

一、海洋廊道指数

为了尽量减少旅游休闲娱乐类区域建设用海规划围填海对海洋水动力过程和海洋生物洄游路径的阻滞，改善海洋水体交换过程，增加亲海岸线，促进旅游休闲娱乐类区域向离岸式、岛群式发展，采用海洋廊道指数表征旅游休闲娱乐类区域建设用海规划对海洋环境过程的考量程度。海洋廊道指数为旅游休闲娱乐类区域建设用海规划范围内预留的所有潮汐通道最窄处的宽度累加值。计算方法如下

$$H_w = \sum_{i=1}^{n} W_{si} \tag{3-18}$$

式中：H_w为海洋廊道指数，m；W_{si}为旅游休闲娱乐类区域建设用海规划预留的第i条潮汐通道最窄处宽度，m。

海洋廊道指数可以划分为5个等级，当海洋廊道指数H_w小于200.00时，为Ⅰ级，说明海洋过程廊道很窄，廊道作用不能充分发挥，标准化赋值为0.20；当海洋廊道指数H_w大于等于200.00小于500.00时，为Ⅱ级，说明海洋过程廊道窄，廊道作用充分发挥有限，标准化赋值为0.40；当海洋廊道指数H_w大于等于500.00小于1 000.00时，为Ⅲ级，说明海洋过程廊道宽，廊道作用可以发挥，标准化赋值为0.60；当海洋廊道指数H_w大于等于1 000.00小于2 000.00时，为Ⅳ级，说明海洋过程廊道很宽，廊道作用发挥充分，标准化赋值为0.80；当海洋廊道指数H_w大于等于2 000.00时，为Ⅴ级，说明海洋过程廊道极宽，廊道作用发挥很充分，标准化赋值为1.00。海洋廊道指数等级划分及标准化赋值见表3-17。

表 3-17 海洋廊道指数等级划分与标准化赋值

H_w 值（m）	等级	指标意义	标准化值
<200.0	Ⅰ级	廊道很窄，不能发挥作用	0.20
200.0~500.0	Ⅱ级	廊道窄，发挥作用有限	0.40
500.0~1 000.0	Ⅲ级	廊道较宽，可以发挥作用	0.60
1 000.0~2 000.0	Ⅳ级	廊道很宽，发挥作用充分	0.80
≥2 000.0	Ⅴ级	廊道极宽，发挥作用很充分	1.00

二、旅游基础设施指数

为了规范旅游休闲娱乐类区域建设用海规划的旅游休闲娱乐功能，防止区域建设用海规划假借发展旅游休闲娱乐产业助推滨海房地产开发，采用旅游基础设施指数表征旅游休闲娱乐类区域建设用海规划中宾馆饭店等旅游基础设施在总体规划面积中的比例，旅游基础设施指数为旅游休闲娱乐类区域建设用海规划范围内宾馆饭店等旅游基础设施建筑用地面积与区域建设用海规划围填海总面积的比例系数，计算方法如下

$$LS = \frac{\sum_{i=1}^{n} a_i}{S_0} \tag{3-19}$$

式中：LS为旅游基础设施指数；S_0为旅游休闲娱乐类区域建设用海规划围填海总面积；a_i为旅游休闲娱乐类区域建设用海规划范围内第i个旅游基础设施建设用地面

积；n 为旅游休闲娱乐类区域建设用海规划范围内旅游基础设施数量。

旅游基础设施指数可以划分为 5 个等级，当旅游基础设施指数 LS 小于 0.10 时，说明旅游基础设施建设面积比例极低，标准化赋值 0.40；当旅游基础设施指数 LS 大于等于 0.10 小于 0.15 时，说明旅游基础设施建设面积比例较低，标准化赋值 0.60；当旅游基础设施指数 LS 大于等于 0.15 小于 0.20 时，说明旅游基础设施建设面积比例适中，标准化赋值 1.00；当旅游基础设施指数 LS 大于等于 0.20 小于 0.25 时，说明旅游基础设施建设面积比例较大，标准化赋值 0.40；当旅游基础设施指数 LS 大于等于 0.25 时，说明旅游基础设市建设面积过大，标准化赋值 0.20。旅游基础设施指数等级划分及标准化赋值见表 3-18。

表 3-18　旅游基础设施指数等级划分与标准化赋值

LS 值	等级	指标意义	标准化值
<0.10	Ⅰ级	旅游基础设施建设面积比例极低	0.40
0.10~0.15	Ⅱ级	旅游基础设施建设面积比例较低	0.60
0.15~0.20	Ⅲ级	旅游基础设施建设面积比例适中	1.00
0.20~0.25	Ⅳ级	旅游基础设施建设面积比例较大	0.40
≥0.25	Ⅴ级	旅游基础设市建设面积过大	0.20

三、娱乐类型丰富度指数

为了提升旅游休闲娱乐类区域建设用海规划的使用效能，增强旅游休闲娱乐区域的旅游、休闲、娱乐功能，促进旅游休闲娱乐类区域建设用海规划向多样化的旅游休闲娱乐功能区规划设计，采用娱乐类型丰富度指数表征旅游休闲娱乐类区域建设用海规划对旅游休闲娱乐内容设置的丰富程度，娱乐类型丰富度指数计算方法如下

$$YL = - \sum_{i=1}^{s} g_i \ln g_i \qquad (3-20)$$

式中：YL 为娱乐类型丰富度指数；g_i 为第 i 个娱乐类型区可容纳的游客数量占旅游休闲娱乐类区域建设用海规划总体可容纳游客数量的比例；S 为旅游休闲娱乐类区域建设用海规划范围内娱乐类型总数目。

娱乐类型丰富度指数划分为 5 个等级，当娱乐类型丰富度指数 YL 小于 0.10 时，为 Ⅰ级，说明区域建设用海规划范围内旅游、休闲、娱乐类型单一，对游客的吸引力极低，标准化赋值 0.20；当娱乐类型丰富度指数 YL 大于等于 0.10 小于 0.20 时，为

Ⅱ级，说明区域建设用海规划范围内旅游、休闲、娱乐类型较单一，对游客的吸引力较低，标准化赋值0.40；当娱乐类型丰富度指数 YL 大于等于0.20小于0.30时，为Ⅲ级，说明区域建设用海规划范围内旅游、休闲、娱乐类型较丰富，对游客的吸引力较高，标准化赋值0.60；当娱乐类型丰富度指数 YL 大于等于0.30小于0.50时，为Ⅳ级，说明区域建设用海规划范围内旅游、休闲、娱乐类型丰富，对游客的吸引力高，标准化赋值0.80；当娱乐类型丰富度指数 YL 大于等于0.50时，为Ⅴ级，说明区域建设用海规划范围内旅游、休闲、娱乐类型很丰富，对游客的吸引力很高，标准化赋值1.00。娱乐类型丰富度指数等级划分及标准化赋值见表3-19。

表3-19　娱乐类型丰富度指数等级划分与标准化赋值

YL 值	等级	指标意义	标准化值
<0.10	Ⅰ级	规划范围内旅游、休闲、娱乐类型单一，对游客的吸引力极低	0.20
0.10~0.20	Ⅱ级	规划范围内旅游、休闲、娱乐类型较单一，对游客的吸引力较低	0.40
0.20~0.30	Ⅲ级	规划范围内旅游、休闲、娱乐类型较丰富，对游客的吸引力较高	0.60
0.30~0.50	Ⅳ级	规划范围内旅游、休闲、娱乐类型丰富，对游客的吸引力高	0.80
≥0.50	Ⅴ级	规划范围内旅游、休闲、娱乐类型很丰富，对游客的吸引力很高	1.00

四、景观多样性指数

旅游休闲娱乐类区域建设用海规划设计的景观多样丰富，可有效提升景区景观效果，增加旅游趣味性，丰富旅游娱乐休闲活动。为促进旅游休闲娱乐类区域建设用海规划设计的景观丰富多样性，采用景观多样性指数描述旅游娱乐类区域建设用海规划设计的景观丰富程度，景观多样性指数计算方法如下

$$D = - \sum_{i=1}^{m} p_i \ln p_i \qquad (3-21)$$

式中：D 为景观多样性指数；p_i 为旅游休闲娱乐类区域建设用海规划中第 i 中景观类型占区域用海规划总面积的比例；m 为旅游休闲娱乐类区域建设用海规划中景观类型数量。

景观多样性指数划分为5个等级，当景观多样性指数 D 小于0.10时，为Ⅰ级，说明旅游休闲娱乐类区域建设用海规划范围内景观类型极为单一，对游客的吸引力极小，标准化赋值0.20；当景观多样性指数 D 大于等于0.10小于0.20时，为Ⅱ级，说明旅游休闲娱乐类区域建设用海规划范围内景观类型单一，对游客的吸引力较小，标

准化赋值0.40；当景观多样性指数 D 大于等于0.20小于0.30时，为Ⅲ级，说明旅游休闲娱乐类区域建设用海规划范围内景观多样性较高，对游客的吸引力较大，标准化赋值0.60；当景观多样性指数 D 大于等于0.30小于0.50时，为Ⅳ级，说明旅游休闲娱乐类区域建设用海规划范围内规景观多样性很高，对游客的吸引力大，标准化赋值0.80；当景观多样性指数 D 大于等于0.50时，为Ⅴ级，说明旅游休闲娱乐类区域建设用海规划范围内景观多样性极高，对游客的吸引力很大，标准化赋值1.00。景观多样性指数等级划分及标准化赋值见表3-20。

表3-20 景观多样性指数等级划分与标准化赋值

D 值	等级	指标意义	标准化值
<0.10	Ⅰ级	景观类型极为单一，对游客的吸引力极小	0.20
0.10~0.20	Ⅱ级	景观类型单一，对游客的吸引力较小	0.40
0.20~0.30	Ⅲ级	景观类型较高，对游客的吸引力较大	0.60
0.30~0.50	Ⅳ级	景观多样性很高，对游客的吸引力大	0.80
≥0.50	Ⅴ级	景观多样性极高，对游客的吸引力很大	1.00

第四章

围填海计划管理方法

第一节　围填海计划管理概述

在我国沿海地区，围填海形成的土地面积在新增建设用地总量中已经占到相当大的比例，是新增建设用地的重要补充。为了加强围填海总量控制，2009 年国家发展和改革委员会、国家海洋局联合下达《关于加强围填海规划计划管理的通知》，提出实施围填海年度计划管理，严格规范计划指标的使用。围填海年度计划管理制度是切实增强围填海对国民经济保障能力、提高海域使用效率、确保落实海洋功能区划、拓展宏观调控手段的具体措施，对于合理利用海域资源，进一步完善国土资源管理制度，适度调控土地供给节奏等具有重要的意义。

一、围填海与建设用地计划控制

计划控制是土地管理的重要手段，也是建设用地管理的第一道闸门（见图 4-1）。新增建设用地控制指标是土地利用计划管理的核心，是土地政策参与宏观调控的有力措施。按照当前土地管理规定，土地管理部门必须严格执行土地利用总体规划和年度计划，新增建设用地必须符合规划，并纳入年度计划，凡不符合土地利用总体规划，没有计划指标的项目不予批准。同时，一个地区的建设用地总量不得超过上一级土地利用总体规划确定的控制指标。新增建设用地控制指标包括占用农用地和未利用土地两个部分，纳入土地利用年度计划。为了真正实现对建设用地增量的控制，不但要将农用地和存量未利用土地纳入计划管理范畴，而且也应将因围填海造地而新增的土地纳入计划管理之中。

海洋行政管理部门根据政府确定的建设用地总规模和每年制定的新增建设用地指标，制订围填海年度计划，结合各地区海域条件和社会经济发展需求，合理确定不同地区围填海年度控制数，实行围填海年度总量控制制度，并以此作为海域使用审批时

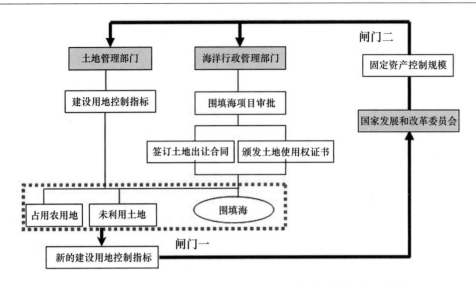

图 4-1　土地及海洋行政管理部门"双闸门"审批围填海项目示意图

的一项重要依据。将滩涂资源纳入未利用土地规划体系,实行计划管理,进行严格控制,防止无序开发,对于实现新增建设用地的总量控制,增强土地计划的整体调控作用,严格土地管理很有意义。

一个围填海项目实施后,往往带动相当大的后续投资,除围填海工程本身外,成陆后"七通一平"等基础设施的配套建设,房地产或工业项目等投资会陆续跟进,投资规模成倍增长。作为国家对宏观经济调控的手段,国家发展和改革委员会应依据固定资产投资要求严格控制围填海规模。

编制围填海年度计划的意义不仅在于研究哪些区域适宜进行围填海,而且还要从宏观调控的角度科学规划围填海的规模与实施时间进度。在现行的海洋功能区划制度基础上,采用建设用地控制和固定资产投资等量化指标调控强化围填海的管理,对围填海投资和新开工项目增长过快的地区,适度控制建设用地指标和固定资产投资指标,实现围填海与新增建设用地的联动管理。地方政府在加强建设项目投资管理,防止海域无序开发的同时,可充分认识加强固定资产投资调控、从严控制新上投资项目对于促进经济平稳较快发展的重要意义。

二、围填海计划管理遵循的主要原则

围填海计划是指国家或地方对海岸资源围填海开发利用作出的中期和年度安排。建立全国围填海管理计划体系要符合我国的基本国情,在时间上连续,要求科学系统,具有高度约束力和管制力,才能严把围填海闸门,规范围填海市场秩序,有效遏制无序无度的围填海热潮，确保我国海域资源可持续利用。为此，建立围填海计划管理体系，必须遵循以下主要原则。

（一）宏观调控与突出重点原则

围填海年度计划管理突出为行政管理服务的目的，针对沿海不同地区的实际情况和各个岸段的自然条件和资源特点，根据社会经济建设发展和调控的宏观需要，因地制宜地计划围填海活动，对关系重大国计民生的建设项目应予以重点保障，对过热、过快的围填海需求要进行限制和引导，通过优化围填海布局、控制围填海节奏和规范围填海管理等手段，为政府宏观调控围填海提供有效手段。

（二）统一协调原则

通过围填海年度计划和年度总量控制等手段，统筹协调各级政府的围填海管理工作，保持中央和地方在围填海年度计划管理工作上的系统性和一致性。同时综合考虑各种涉海规划的围填海需求，协调涉海部门规划和行业规划在围填海方面的各种关系，以减少围填海年度计划管理中的分歧和交叉。

（三）最佳利用原则

充分认识海洋资源的多宜性与海洋开发方式的多样性，破除以往的"海域填之不尽"的错误观念，强化海域资源的集约、节约利用意识，根据海域的自然资源条件、环境状况、地理区位、开发利用现状，并考虑国家或地区经济与社会发展的需要，科学合理确定围填海年度适宜规模和沿海各地区的空间配置，实现海域资源的最优化开发利用，以获得最佳的社会效益、经济效益和生态环境效益。

（四）开发与保护并重原则

围填海年度计划管理要严格遵循自然规律，根据海洋资源的综合价值、再生能力和海洋环境的承载能力，规划全国围填海控制与供给的空间布局，使之既能满足海洋经济建设需要，又能对重要的"原始"海洋区域、海洋珍稀濒危物种及其生境、典型海洋生态系统、有代表性的海洋自然景观和具有重要科研价值的海洋自然历史遗迹等实现有效保护。

（五）科学性原则

围填海年度计划应建立在科学的评估工作基础之上，要尽可能以科学调查和评估的结论为判据，并与定性的经验分析相结合，采取以定量为主，定量与定性分析相结合的分析方法，获得充分可靠的计划管理依据，避免主观臆断。

（六）前瞻性原则

围填海年度计划管理既要保持海洋开发与保护的延续性，又要为提高海洋开发与保护的技术层次和综合效益留有余地。应充分考虑未来科学技术水平、社会经济发展趋势和行业用海的需求方向，体现对海洋开发与保护的前瞻意识，对不合理围填海行为要预防在先，对海洋经济建设的迫切需求要保障在前。

第二节　围填海计划管理程序与制度

围填海计划管理实行年度计划指标管理制度。围填海计划指标不仅是一个简单的围填海面积计划管理指标，还包括其他辅助指标，共同构成一个较为完整的围填海计划管理指标体系（见表4-1）。初期运行可以设计得相对简单一些，在计划执行过程中逐步丰富和完善。

表 4-1　围填海计划的指标体系

主要指标	辅助指标
功能性围填海	功能性围填海占用岸线长度
围海造地	单位岸线填海面积
	离岸面积百分比

对于港口、火力发电厂、船舶等用海工程为满足其功能需要必须围填海的部分，初步可定义为功能性围填海（与土地规划的独立式工矿用地相对应）；辅助指标为功能性围填海占用岸线长度。对于围割海域形成陆地后用于满足工业园区、城镇建设等需要的，定义为围海造地；辅助指标为单位岸线围填海面积、离岸面积百分比。以上两者合计为新增围填海计划管理指标。

一、围填海计划指标制定

围填海计划实行统一编制、分级管理，国家发展和改革委员会、国家海洋局负责全国围填海计划的编制和管理。沿海各省（自治区、直辖市）发展和改革部门、海洋行政主管部门负责本级行政区域围填海计划指标建议的编报和围填海计划指标管理。沿海各省级（自治区、直辖市）海洋行政主管部门会同发展和改革部门根据海洋功能区划、海域资源特点、生态环境现状和经济社会发展需求等实际情况，组织填报本级行政区域的围填海（建设用围填海和农业用围填海）计划指标建议，并按要求同时报送国家海洋局和国家发展和改革委员会。省级围填海计划指标建议中，计划单列市相关指标予以单列。国家海洋局在各地区上报围填海计划指标建议的基础上，根据海洋功能区划、沿海地区围填海需求和上年度围填海计划执行等实际情况，经征求有关部门意见后，提出全国围填海计划指标和分省方案建议，报送国家发展和改革委员会。

国家发展和改革委员会根据国家宏观调控和经济社会发展的总体要求，在国家海洋局提出的全国围填海计划指标和分省方案建议的基础上，按照适度从紧、集约利用、保护生态、海陆统筹的原则，经综合平衡后形成全国围填海计划草案，并按程序纳入国民经济和社会发展年度计划体系。

国民经济和社会发展年度计划草案经全国人民代表大会审议通过后，国家发展和改革委员会向国家海洋局和沿海各省（自治区、直辖市）发展和改革部门正式下达全国围填海计划指标。国家海洋局依据全国围填海计划指标，向沿海各省（自治区、直辖市）海洋行政主管部门下达地方年度围填海计划指标（计划单列市指标单列），省级海洋行政主管部门不再向下分解下达计划指标。

地方围填海计划指标确需追加的，由省级海洋行政主管部门会同发展改革部门联合向国家发展和改革委员会、国家海洋局提出书面追加指标申请，经审核确有必要的，从中央年度围填海计划指标中适当调剂安排。追加指标由国家发展和改革委员会会同国家海洋局联合下达。计划年度内未安排使用的围填海计划指标作废，不能跨年度转用。

国家围填海计划指标是指令性的，实行台账式管理，地方围填海计划指标是指导性的。即国家从严控制全国的新增围填海计划并确定功能性填海和围海造地的比例，同时严格控制地方新增围填海指标，对于各地方如何将指标分配给功能性填海和围海造地没有强制性要求，但规定一定的分配比例，鼓励功能性围填海，限制围海造地。功能性围填海占用岸线长度指标、单位岸线围填海面积指标、离岸面积百分比都是指导性的。

二、围填海计划指标执行

围填海年度计划指标包括地方年度围填海计划和中央年度围填海计划指标两部分。地方年度围填海计划指标是指省级及省级以下审批（核准、备案）项目的年度最大围填海规模，该指标只下达到沿海省、自治区、直辖市（计划单列市指标单列），在围填海用海项目经国务院或省级人民政府批准后，由省级海洋行政主管部门负责核销。中央年度围填海计划指标是指国务院及国务院有关部门审批、核准项目的年度最大围填海规模，该指标不下达到地方，由国家海洋局在项目用海审批后直接核销。建设用围填海计划指标主要用于国家和地方重点建设项目及国家产业政策鼓励类项目，包括建设围填海和废弃物处置围填海。区域用海规划范围内的围填海项目，应当根据围填海项目用海批准情况在规划期限内逐年核减围填海计划指标。农业用围填海仅指用于发展农林牧业的围填海，不包括围海养殖用海。围填海年度计划中的建设用围填海计划指标和农业用围填海计划指标不能混用。

实行审批制和核准制的涉海工程围填海建设项目，在向发展和改革委员会提请审批及在向核准部门报送可行性研究报告和项目申请报告时，应当附上同级人民政府海洋行政主管部门对其海域使用申请的预审意见。预审意见应明确安排计划指标的相应额度。省级以下（含计划单列市）海洋行政主管部门在出具用海预审意见前，应当取得省级海洋行政主管部门安排围填海计划指标及相应额度的意见。

实行备案制的涉海工程建设项目，必须首先向发展和改革委员会等项目备案管理部门办理备案手续；备案后，向海洋行政主管部门提出用海申请，取得省级海洋行政主管部门围填海计划指标安排意见后，办理用海审批手续。地方累计安排围填海指标额度不能超过年度计划指标总规模。

第三节　围填海计划指标制定方法

围填海计划指标制定方法包括围填海计划指标编制程序和围填海计划指标制定方法。《土地利用年度计划管理办法》已经颁布施行多年，经实践证实是符合我国国情的、可操作性强的计划管理办法，可作为围填海计划管理指标设立的依据。土地利用年度计划指标包括：

（1）新增建设用地计划指标，包括新增建设用地总量和新增建设占用农用地及耕地指标。

（2）土地开发整理计划指标，包括土地开发补充耕地指标和土地整理复垦补充耕地指标。

（3）耕地保有量计划指标。

其中新增建设用地计划指标，分为城镇村建设用地指标和能源、交通、水利、矿山、军事设施等独立选址的重点建设项目用地指标。围填海计划类似于土地中的新增建设用地，借鉴土地的新增建设用地指标设定方法，同时考虑海域使用特性，从围填海区域所上项目是否需要用海的角度设立围填海计划控制指标。

一、围填海年度计划编制程序

围填海年度计划的编制采用"上下结合"的程序（图4-2）。

（一）上报计划建议

由地方各级海洋主管部门会同有关部门，根据海洋功能区划、围填海管理规划、国民经济和社会发展计划及海岸利用的实际状况，参考基年（上一年度）计划执行情况，提出本地区下一年度的围填海计划建议。需国务院及国家发展和改革委员会等

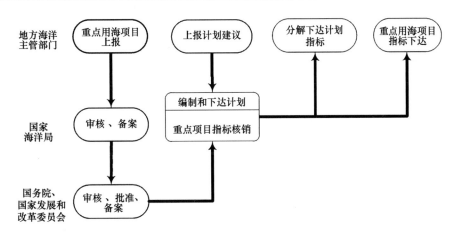

图 4-2　围填海年度计划编制程序

部门审批、核准和备案的重点建设项目拟在计划年度内使用土地，涉及新增围填海的，由行业主管部门于上一年，按项目向国家海洋局提出计划建议，同时抄送项目拟围填海所在地的省、自治区、直辖市海洋行政主管部门。

（二）编制和下达计划指标

国家海洋局会同有关部门，根据国民经济和社会发展计划、国家产业政策、海洋功能区划、海岸线保护与利用规划、国家土地政策，在各地区、各部门上报的围填海计划建议的基础上，综合平衡，编制围填海年度计划。新增围填海计划指标只下达由省及省以下审批、核准和备案的围填海建设项目指标。国务院及国家发展和改革委员会等部门审批、核准和备案的独立选址重点建设项目，新增围填海计划指标不下达地方，在建设项目围填海审批时直接核销。

（三）分解下达计划指标

各地区结合本地区、本部门的实际，对原上报计划建议的指标值进行修正，编制出计划分解草案，同时省级海洋管理部门应当将分解下达的围填海利用年度计划报国家海洋局备案。

二、围填海年度计划编制过程

围填海年度计划的编制既是一项研究活动，也是一种行政行为。一方面，计划要遵循科学的原则、手段和方法，来展开问题的界定、目标确立、方案设计、后果预测、方案抉择等一系列活动；另一方面，由于计划政策涉及参与者之间利益的调节和分配，计划过程中众多参与者因其利益、价值观不同而相互影响、相互制约，呈现出错综复杂的特点。围填海年度计划应遵循信息完备、系统协调、现实可行和民主参与原则，采用科学合理的方法来编制。

（一）收集齐备的信息

编制围填海年度计划是一项复杂的系统工作，应收集的资料信息相当繁杂，主要包括：区域经济发展规划、土地利用总体规划、区域交通规划、环境保护规划、海洋经济发展规划，还有地质资料、沿岸水文资料、海洋生物资料、渔业生产资料（图4-3）。围填海管理涉及面相当广泛，牵扯的利益关系也相当复杂，因此，编制一部合理、科学的填海造地年度计划，必须首先掌握比较全面的信息，同时要把这些重要信息反映到计划编制的成果之中。

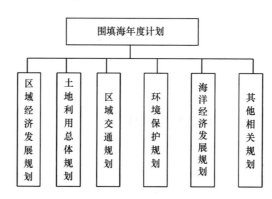

图4-3 围填海年度计划制定的相关规划

（二）注意与其他规划的协调

围填海年度计划不是孤立存在的，它与其他行政体系的规划和政策相联系。在计划编制时，要强调系统性，从全局角度进行综合分析，将整体利益与局部利益相结合，内部条件与外部条件相结合，眼前利益与长远利益相结合，主要目标与次要目标相结合。要注意各项规划之间的相互联系、相互影响、相互制约关系，既要考虑到不同层次政策之间的纵向协调，又要考虑到相同层次政策之间的横向协调，从而使各项政策成为一个有机整体，相互支持，协调配套，以产生尽可能好的整体效应。在围填海年度计划编制中，应确定各规划的性质、职能、地位，厘清它们之间的相互管理关系，努力做到各个规划制度整体协调一致，避免冲突。

（三）可行性分析

要充分分析各方面的实际情况，根据现有的人力、物力、财力、时间等主客观条件及发展过程中的种种变化，对围填海年度计划进行政治、经济、技术、文化等方面的可行性分析，从而使方案建立在牢固的现实条件基础上，使计划的实施具有可操作性并有成功的最大可能。编制围填海年度计划，应在深入调查研究的基础上，根据海洋功能区划和毗邻陆域的土地利用规划，统筹考虑各个海区围填海容量与土石方量的平衡，科学合理地制订围填海年度计划，指导围填海开发管理工作。

三、围填海年度计划指标制定方法

（一）用地系数法

根据国民经济相关指标的变量与围填海量之间的相对稳定的比例关系，来测算计划期内的围填海指标的方法。

一般可采用基本建设投资额与围填海规模之间的比例关系进行测算。首先要对历史上（或其他先进地区，但要注意不同地区位置、地形、地貌等条件的差异）基础建设投资额与围填海面积的比例系数进行分析计算，并对计划期内这个比例系数的变化趋势进行分析预测，确定合理的比例系数，再用计划期内基础建设投资计划额度乘以比例系数，得到计划期内的围填海面积规模。

该方法只适宜作为编制宏观围填海计划的一种方法。主要原因是不同部门单位基础建设投资对围填海需求量存在较大差异，如有的地区基础建设投资主要用于购置设备；不同阶段基础建设投资对围填海的需求规模也不一样；同时对围填海需求规模有影响的相关因素很多，也并不都是理想的线性相关关系。

（二）因素分析法

通过相关因素的分析，找出关系式，来确定指标数值的方法。

首先要分析确定对围填海规模产生影响的因素，如基础建设投资额、国内生产总值、人口增长率、人均收入水平等经济社会因素；其次要收集这些影响因素的历史资料，并将这些因素的指标值与围填海面积规模进行回归分析，推导出回归公式；最后将计划期的有关数据代入公式，计算出计划期的围填海需求数量。

与用地系数法相比，因素分析法是综合考虑多因素的影响后确定指标数值的方法，因而比较接近实际情况。

（三）加权移动平均法

使用该方法的前提条件是越接近围填海计划时期的围填海数据对围填海未来计划需求的影响越大，因而要给予较大的权重；而越远离围填海计划时期的围填海数据影响越弱，给以较小的权重。可以利用前几年围填海投资系数求加权平均数，作为计划年度的围填海投资系数。以此系数乘以计划期基建投资额，从而计算出计划年度的围填海需求指标。

假设最近3年的围填海投资系数分别为d_{i-3}、d_{i-2}、d_{i-1}，求第4年的围填海指标，令第4年的围填海投资系数为前3年投资系数的加权平均数，假设第1年、第2年、第3年的权重分别为1、2、3，则可以用以下表达式计算第4年的投资系数。

$$m_i = \frac{1}{1+2+3}\left[d_{i-3} \times 1 + d_{i-2} \times 2 + d_{i-1} \times 3\right]$$

$$= \frac{1}{6}\left[d_{i-3} + 2d_{i-2} + 3d_{i-1}\right] \tag{4-1}$$

式中：m为计划年度围填海投资系数；d为前几年围填海投资系数；i为年份。

同理算得第5年围填海投资系数为前第2年、第3年、第4年围填海投资系数的加权平均数，权重仍为1、2、3，以此类推。

（四）计划演算法

根据计划期围填海计划项目和项目用海面积逐项累计计算，其数量之和就是计划期间的围填海需求规模。

运用这种方法必须全面掌握围填海项目、更新改造投资项目及已批准的围填海面积，只有这样才能对计划期的用海规模作出准确的预测。这种方法的优点是准确度高，缺点是工作量比较大。

第四节　围填海计划指标计算系统

围填海计划指标计算系统是集成"全国沿海各省、直辖市、自治区（计划单列市）围填海计划指标制定"研究成果开发的软件系统。系统封装了"基于投资建设需求、围填海资源潜力等6个主导因素的围填海规模预测模型"，实现了围填海需求指标的预测计算及预测指标数据管理，预测结果报表生成的自动化。基于地理信息系统技术实现围填海资源承载力的地图浏览与查询统计（见图4-4）。

图 4-4　围填海计划指标计算系统软件模块界面

围填海计划指标计算系统基于 Microsoft .Net Framework3.5 开发，采用了 ArcEngine9.3 地理信息系统组件作为地理信息系统平台。运行环境要求安装 Microsoft Net Framework3.5，ArcGIS Desktop9.3 或 ArcEngine9.3。硬件要求：CPU 主频 2G 以上，内存 2G 以上，占用硬盘空间 3.2 G。

一、围填海资源承载力查询与统计

集成围填海资源承载力调查数据，遥感影像、基础地理信息底图数据以及地理信息系统提供的电子地图浏览功能实现围填海承载力的地图浏览（见图4-5）。

地图浏览工具：

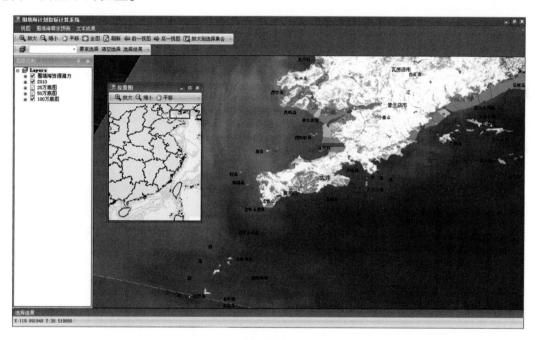

位置图：地图浏览过程中，在"位置图"窗口中用红色线框可实时更新地图浏览窗口所显示的位置。

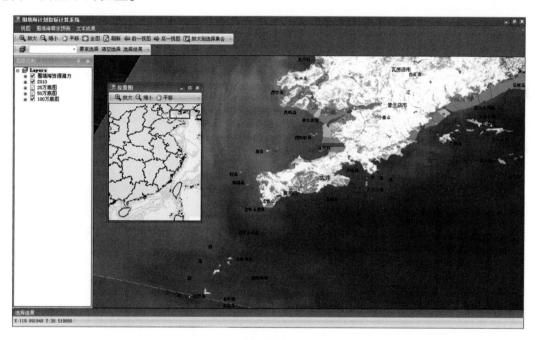

图4-5　围填海资源承载力浏览

图层控制工具：控制各地图图层的显示状态，如控制显示或关闭遥感影像图层。

地图查询工具：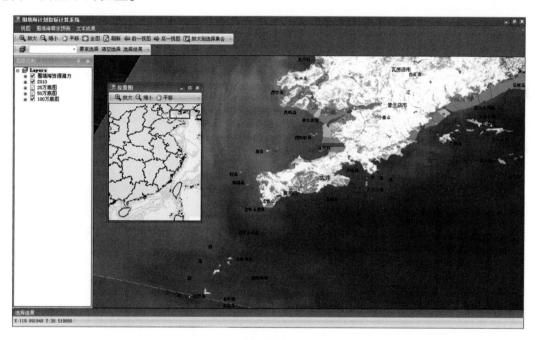

通过地图查询工具栏上的图层选择列表框，选择要查询的地图要素图层，然后选择"要素选择"工具在地图上拖动进行地图查询。可以通过"清空选择"清除已选择的结果。如果选择结果窗口被隐藏可以单击"选择结果"按钮显示选择结果窗口。

通过单击主菜单"围填海需求预测"下的"围填海承载力"子菜单，打开围填海承载力数据管理窗口。通过在"年份""省/市""名称"中输入所需条件，可以对数据表中的数据进行筛选。例如"年份"输入2011年，可以筛选出所有2011年的数据。通过左下角的 "×"可以清除筛选。单击"条件查询"按钮可以打开条件查询面板，提供高级的数据筛选功能。支持所有字段的多条件组合筛选。通过数据表左侧“行选择方块”上选择各行数据，可以对选中数据进行统计，统计结果显示在状态栏上（见图 4-6）。

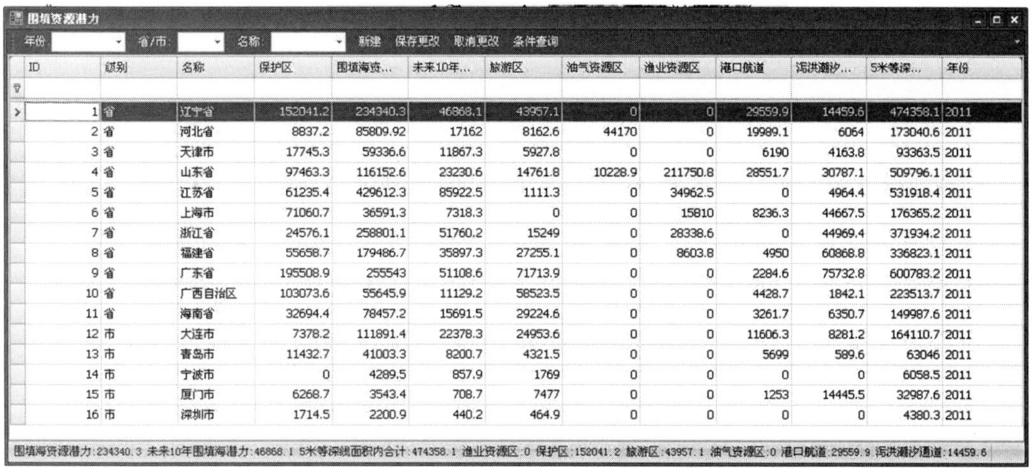

ID	级别	名称	保护区	围填海资…	未来10年…	旅游区	油气资源区	渔业资源区	港口航道	泻洪潮汐…	5米等深…	年份
1	省	辽宁省	152041.2	234340.3	46868.1	43957.1	0	0	29559.9	14459.6	474358.1	2011
2	省	河北省	8837.2	85809.92	17162	8162.6	44170	0	19989.1	6064	173040.6	2011
3	省	天津市	17745.3	59336.6	11867.3	5927.8	0	0	6190	4163.8	93363.5	2011
4	省	山东省	97463.3	116152.6	23230.6	14761.8	10228.9	211750.8	28551.7	30787.1	509796.1	2011
5	省	江苏省	61235.4	429612.3	85922.5	1111.3	0	34962.5	0	4964.4	531918.4	2011
6	省	上海市	71060.7	36591.3	7318.3	0	0	15810	8236.3	44667.5	176365.2	2011
7	省	浙江省	24576.1	258801.1	51760.2	15249	0	28338.6	0	44969.4	371934.2	2011
8	省	福建省	55658.7	179486.7	35897.3	27255.1	0	8603.8	4950	60868.8	336823.1	2011
9	省	广东省	195508.9	255543	51108.6	71713.9	0	0	2284.6	75732.8	600783.2	2011
10	省	广西自治区	103073.6	55645.9	11129.2	58523.5	0	0	4428.7	1842.1	223513.7	2011
11	省	海南省	32694.4	78457.2	15691.5	29224.6	0	0	3261.7	6350.7	149987.6	2011
12	市	大连市	7378.2	111891.4	22378.3	24953.6	0	0	11606.3	8281.2	164110.7	2011
13	市	青岛市	11432.7	41003.3	8200.7	4321.5	0	0	5699	589.6	63046	2011
14	市	宁波市	0	4289.5	857.9	1769	0	0	0	0	6058.5	2011
15	市	厦门市	6268.7	3543.4	708.7	7477	0	0	1253	14445.5	32987.6	2011
16	市	深圳市	1714.5	2200.9	440.2	464.9	0	0	0	0	4380.3	2011

图 4-6　围填海资源承载力查询与统计

二、围填海需求预测模型信息

显示围填海需求预测模型中各主导因素的主成分分析结果，以及“基于投资建设需求、围填海资源潜力等主导因素的围填海规模预测模型”信息（见图 4-7）。

三、围填海需求指标数据管理

单击“围填海需求预测”主菜单，选择“围填海需求指标数据管理”子菜单，可以打开围填海需求指标数据管理窗口。该窗口提供围填海需求指标数据的查询与管理功能（见图 4-8）。

通过选择“省份”和“年份”列表框可以对表内数据进行筛选。例如“省份”中选择“辽宁”，将筛选出辽宁省各年度的数据。通过左下角的 × ☑[省] = '辽宁' “×”可以清除筛选（见图 4-9）。

单击“新建年份”，输入要新建的围填海需求指标数据的年份（见图 4-10）。然后输入该年份各地区的各指标值。全部输入完毕后单击“保存更改”对数据进行保存。

四、围填海需求指标预测报表

围填海需求指标数据管理工具栏中，通过“年份”筛选数据，然后单击“生成

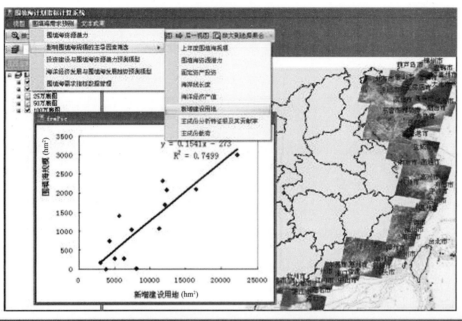

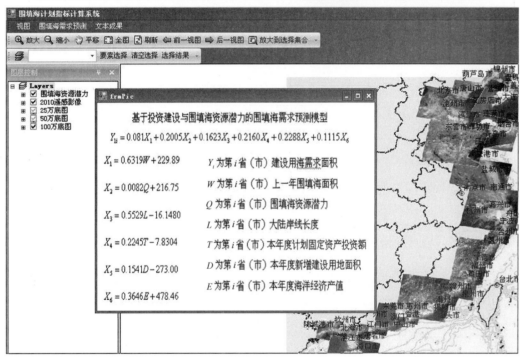

图 4-7　围填海需求预测模型

报表"即可生成该年度的围填海需求预测报表。

图 4-8 围填海需求预测模型参数输入

图 4-9 围填海需求预测模型输入参数查询

图 4-10 围填海需求预测模型输入参数查询

第五章

围填海总量控制方法

第一节　基于海洋功能区划的围填海总量控制方法

海洋功能区划是根据海域及相邻陆域的自然资源、自然环境和地理区位，并考虑到海洋开发利用现状与经济社会发展需求，而将海洋空间划分为不同的海洋功能类型区，用以指导和约束海洋开发利用实践活动，实现海洋资源开发利用的资源环境与社会经济效益最大化的海洋空间规划。《中华人民共和国海域使用管理法》将海洋功能区划制度以法律形式确定为我国海洋管理的基本制度之一，提出"国家实行海洋功能区划制度，海域使用必须符合海洋功能区划"。海洋功能区划分为4级区划体系，分别为全国海洋功能区划、省级海洋功能区划、市级海洋功能区划和县级海洋功能区划。全国海洋功能区划负责科学划定一级海洋基本功能区和重点的二级海洋基本功能区，明确各类海洋基本功能区的开发保护重点和管理要求，确定全国重点海域的主要功能，制定实施海洋功能区划的主要保障措施。省级海洋功能区划根据全国海洋功能区划的要求，科学划定本省管辖海域的一级类海洋基本功能区和二级类海洋基本功能区，明确海洋基本功能区的空间布局，开发保护重点和管理措施，对毗邻海域进行功能分区并确定其主要功能，并根据本省特点制定区划实施的具体保障措施。市、县级海洋功能区划根据所属省级海洋功能区划，以及所辖海域的自然属性，兼顾社会经济发展的实际情况，划分更详细类别海洋基本功能区，明确近期内各海洋基本功能区开发保护的重点和开发时序、各海洋基本功能区的环境保护要求和措施，提出区划的实施步骤、具体保障措施和政策建议。

一、各海洋基本功能类型区对围填海的管控要求

《全国海洋功能区划（2011—2020年）》将海洋基本功能区划分为8个一级类和22个二级类，其中一级类包括农渔业区、港口航运区、工业与城镇建设区、矿产与

能源区、旅游休闲娱乐区、海洋保护区、特殊利用区、保留区。各一级海洋基本功能区对围填海的管控要求概述如下。

（一）农渔业区

农渔业区是指适于拓展农业发展空间和开发海洋生物资源，可供农业围垦，渔港和育苗场等渔业基础设施建设，海水增养殖和捕捞生产，以及重要渔业品种养护的海域，包括农业围垦区、渔业基础设施区、养殖区、增殖区、捕捞区和重要渔业品种养护区。农渔业区围填海只能用于农渔业生产，农业围垦需适度控制规模，科学安排进度，渔港及远洋基地建设应节约、集约利用海域空间。强化渔业资源产卵场、索饵场、越冬场及洄游通道内各类用海活动管控，禁止建闸、筑坝以及妨碍鱼类洄游的其他活动。

（二）港口航运区

港口航运区是指适于开发利用港口航运资源，可供港口、航道和锚地建设的海域，包括港口区、航道区和锚地区。港口航运区围填海只能用于码头、港池、堆场等港口基础设施及临港配套设施建设，重点保障全国沿海主要港口发展的海域空间需求。港口码头基础设施及临港配套设施建设要求深化港口岸线资源整合，优化港口布局，合理控制港口建设规模，围填海须集约高效利用岸线和海域空间，并与临港城市的城市总体规划做好衔接。

（三）工业与城镇建设区

工业与城镇建设区是指适于发展临海工业与建设滨海城镇的海域，包括工业建设区和城镇建设区。工业与城镇建设区围填海需优先满足国家区域发展战略的建设用海需求，重点支持国家级综合配套改革试验区、经济技术开发区、高新技术产业开发区、循环经济示范区、保税港区等的用海需求。重点保障国家产业政策鼓励类产业用海，鼓励海水综合利用，严格限制高耗能、高污染和资源消耗型工业项目用海。工业和城镇建设围填海应突出节约、集约用海原则，做好与土地利用总体规划、城乡规划、河口防洪与综合整治规划等的衔接，合理控制规模，优化空间布局，提高海域空间资源的整体使用效能，倡导离岸、人工岛式围填，减少对海洋水动力环境、岸滩及海底地形地貌的影响，防止海岸侵蚀。

（四）矿产与能源区

矿产与能源区指适于开发利用矿产资源与海上能源，可供油气和固体矿产等勘探、开采作业，以及盐田和可再生能源等开发利用的海域，包括油气区、固体矿产区、盐田区和可再生能源区。矿产和能源区围填海主要用于盐田建设围海，盐田区围填海要求稳定盐田规模，控制盐田区转为建设用围填海。

（五）旅游休闲娱乐区

旅游休闲娱乐区指适于开发利用滨海和海上旅游资源，可供旅游景区开发和海上文体娱乐活动场所建设的海域。包括风景旅游区和文体休闲娱乐区。旅游休闲娱乐区主要为沿海国家级风景名胜区、国家级旅游度假区、国家级地质公园、国家级森林公园等的毗邻海域及其他旅游资源丰富的海域。旅游休闲娱乐区要求慎重围填海，围填海只能用于旅游休闲娱乐的基础设施建设。旅游休闲娱乐区开发建设要合理控制规模，优化空间布局，有序利用海岸线、海湾、海岛等重要旅游资源，禁止非公益性设施占用公共旅游资源，严格落实生态环境保护措施，保护海岸自然景观和沙滩资源。

（六）海洋保护区

海洋保护区指专供海洋资源、环境和生态保护的海域，包括海洋自然保护区和海洋特别保护区。海洋保护区严格禁止围填海，严格限制保护区内影响干扰保护对象的用海活动，对于近期拟选划为海洋保护区的海域应禁止开发建设。

（七）特殊利用区

特殊利用区指供科研、教学及其他特殊用途使用的海域。包括用于海底管线铺设、路桥建设、污水达标排放、倾倒等的其他特殊利用区。限制在军事区内从事海洋开发利用活动，在海底管线、跨海路桥和隧道用海范围内严禁建设其他永久性建筑物。倾倒区重点保证国家大中型港口、河口航道建设和维护的疏浚物倾倒需要。

（八）保留区

保留区指目前功能尚未明确，有待通过科学论证确定具体用途的海域。严格限制在保留区内开展围填海等显著改变海域自然属性的用海活动，确需开发利用的，须在严格规划和论证的前提下，依法组织听证，向社会公示，经批准后方可开发利用。

二、各海洋基本功能区对围填海的空间布局与管控要求

《全国海洋功能区划（2011—2020 年）》将我国管辖海域划分为渤海、黄海、东海、南海和台湾以东海域共 5 个海区，29 个重点海域，各海区适合大规模围填海的工业与城镇建设功能区空间布局如下。

（一）渤海区

在渤海海域实施最严格的围填海管理控制政策，限制大规模围填海，降低环渤海区域经济增长对海域资源的过度消耗，节约、集约利用海岸线，严格控制高污染、高能耗、高生态风险和资源消耗型项目的用海规模。渤海区的适合大规模围填海的工业与城镇建设功能区主要包括：普兰店湾滨海城镇建设区、长兴岛港口航运和工业建设区、大辽河河口附近及其以东海域工业与城镇建设区、唐山曹妃甸工业与城镇建设区、天津滨海新区工业与城镇建设区、沧州渤海新区工业与城镇建设区、龙口临港产业区工业建设区等。

（二）黄海区

在黄海海域，合理规划江苏沿岸围垦用海，高效利用淤涨型滩涂资源，严格限制山东半岛北部砂质海岸地区围填海活动。黄海区适合大规模围填海的工业与城镇建设功能区主要包括：大连市南部工业与城镇建设区、庄河毗邻海域工业与城镇建设区、花园口工业与城镇建设区、大小窑湾、大连湾顶部工业与城镇建设区、青岛西南部工业与城镇建设区、日照南部工业与城镇建设区、连云港工业与城镇建设区、灌河口至射阳河口工业与城镇建设区、射阳河口以南工业与城镇建设区等。

（三）东海区

东海海域海岸线曲折，港湾、岛屿众多，河口滩涂可适度开展农业围垦，限制港湾内填海和填海连岛，以保护海湾滨海湿地资源和海岛地貌特征。东海区适合大规模围填海的工业与城镇建设功能区主要包括：宁波毗邻海域工业与城镇建设区、瓯江口至浙闽交界海域工业与城镇建设区、沙埕港工业与城镇建设区、三沙湾工业和城镇建设区、罗源湾工业与城镇建设区、黄岐半岛工业与城镇建设区、兴化湾工业与城镇建设区、厦门湾及毗邻海域工业与城镇建设区、闽粤交界海域工业与城镇建设区等。

（四）南海区

南海海域具有至关重要的战略地位，是我国海洋资源最富集的地区，具有丰富的海洋油气矿产资源、滨海和海岛旅游资源、海洋能资源、港口航运资源、独特的热带亚热带生物资源，同时也是我国最重要的海岛和珊瑚礁、红树林、海草床等热带生态系统分布区。南海海域围填海要注意保护红树林、珊瑚礁、海草床等海洋生态系统，在狮子洋等狭长形入海河口海域严格控制填海造地。南海区适合大规模围填海的工业与城镇建设区主要有：南澳至广澳湾工业与城镇建设区、海门湾至神泉港工业与城镇建设区、伶仃洋工业与城镇建设区、镇海湾工业与城镇建设区、海陵湾工业与城镇建设区、湛江港工业与城镇建设区、铁山港工业与城镇建设区、廉州湾工业与城镇建设区、防城港海域工业与城镇建设区等。

三、海洋功能区划的围填海总量控制目标

2012 年国务院批复的《全国海洋功能区划（2011—2020 年）》，提出要合理控制围填海规模，严格实施围填海年度计划制度，遏制围填海增长过快的趋势，围填海控制面积符合国民经济宏观调控总体要求和海洋生态环境承载能力，但没有提出围填海总量控制的具体目标。随后国务院批复的沿海 11 个省级行政区海洋功能区划，都提出了至 2020 年各自区域具体的建设用围填海总量控制目标（表 5-1）。沿海 11 个省级行政区海洋功能区划提出的建设用围填海总量控制目标总和为 246 900 hm²，也就是说到 2020 年全国围填海总量控制目标为 246 900 hm²。具体到沿海各省级行政区，以浙江省的建设用围填海总量控制目标为最大，达到 50 600 hm²；山东省和福建省建设用围填海总量控制目标次之，分别为 34 500 hm² 和 33 350 hm²；江苏省、辽宁省和广东省建设用围填海总量控制目标分别为 26 450 hm²、25 300 hm² 和 23 000 hm²；其他省级行政区建设用围填海总量控制目标都在 20 000 hm² 以内，天津市和上海市分别只有 9 200 hm² 和 2 300 hm²。

表 5-1　基于海洋功能区划的省级行政区围填海总量控制目标

省级行政区	围填海控制总量（hm²）	省级行政区	围填海控制总量（hm²）
辽宁省	25 300	河北省	14 950
天津市	9 200	山东省	34 500
江苏省	26 450	上海市	2 300
浙江省	50 600	福建省	33 350
广东省	23 000	广西壮族自治区	16 100
海南省	11 150		

第二节　基于成本-收益理论的围填海
总量控制方法

我国大规模围填海得以持续存在的基本前提是围填海收益与围填海成本之间存在巨大的利润空间。围填海收益由围填海形成土地的市场基准价格决定，围填海成本由围填海所处海域的水下地形及填海海工程的劳动力成本等决定。只有围填海收益远大于围填海成本，驱动大规模围填海存在的利润空间才能维持。为此，本节从围填海成本-收益角度研究探讨围填海规模控制方法。

一、围填海海域适宜深度估算

近岸海域水下地形对围填海施工难度和围填海成本都具有重要的影响。一般如果近岸海域水深较浅，底坡较缓，波浪相对较小，则围填海施工相对容易，单位土石方围填量围填形成的土地面积大，围填海工程成本低；反之，如果近岸海域水下地形复杂，坡度较陡，海流湍急，波浪较大，则一方面围填海外缘护岸工程施工难度大，更重要的是围填同样面积的海域所需的土石方量会大大增加，围填海成本会急剧增大。因此，近岸海域水下地形对围填海工程具有重要的影响。

假设在近岸海域围填深度为 L，单位 m，长度为 1 000 m 的区域，其围填面积为 $1\,000\dfrac{L}{\mathrm{tg}a}$，其围填剖面面积为 $\dfrac{L^2}{2\mathrm{tg}a}$。整个围填区域体积（即围填土石方需求量）$V$ 为围填剖面面积 S 与围填长度之乘积，即 $V=\dfrac{L^2}{2\mathrm{tg}a}\times1\,000$。

根据对辽宁省、河北省、山东省等沿海多项围填海工程调研，围填海的土石方成本平均为 140 元/m³，则围填 $V=\dfrac{L^2}{2\mathrm{tg}a}\times1\,000$ 的总成本为 140V，即 $\dfrac{L^2}{2\mathrm{tg}a}\times140\,000$ 元，

简化后为 $\dfrac{70\,000L^2}{\mathrm{tg}a}$。

对于围填海工程，只有在围填工程成本小于围填形成土地的基准价前提下，围填海工程才会盈利，否则大规模的围填海活动不会持续存在。根据调研，沿海地区围填海形成土地的基准价平均为 350 元/m²，因此存在下式

$$\frac{70\,000L^2}{\mathrm{tg}a}\leqslant \frac{1\,000L\times 350}{\mathrm{tg}a} \tag{5-1}$$

$$L\leqslant 5$$

即 5 m 水下地形深度为围填海工程的最大适宜深度，只有在水下地形深度小于 5 m 的海域实施围填海工程，其工程成本才会低于 350 元/m² 的围填海形成土地基准价，从经济效益角度来看围填海才是盈利的。如果在水下地形深度大于 5 m 的海域开展围填海工程，则围填海工程成本会大于围填海形成土地的市场基准价，从经济效益角度讲则不适宜进行大规模围填海工程。

二、围填海空间资源承载力评估方法

海洋功能区划中的工业与城镇建设功能区主要分布在沿海大、中城市和重要港口毗邻海域。工业与城镇建设功能区是目前我国围填海建设临海工业基地、工业园区、滨海城镇的主要海洋基本功能区。因此，本书以海洋功能区划中的工业与城镇建设功能区为主要围填海域评估区域，同时考虑港口航运功能区、农渔业功能区、旅游休闲娱乐功能区等可以部分围填海的海洋基本功能区。

以自然海岸线至-5.0 m 等深线范围为围填海成本适宜区，调查海洋功能区划中工业与城镇建设区的围填海成本适宜区，作为围填海空间资源承载力分布区。收集沿海 11 个省级行政区海洋功能区划矢量数据和全国 1∶50 000 比例尺地形数据中的-5.0 m 等深线数据，空间叠加提出围填海成本适宜区，在围填海成本适宜区范围内去除泄洪通道、潮汐通道以及其他不适宜围填海的区域，剩余部分即为围填海空间资源承载力分布区。

统计沿海 11 个省级行政区围填海空间资源承载力分布区面积，将其看做未来 50 年的围填海空间资源承载力，并从资源持续利用角度，划分得到未来 20 年、未来 10 年和未来 5 年的围填海控制总量（表 5-2）。

表 5-2 基于成本-收益理论的沿海各省级行政区围填海资源承载力及控制总量

单位：hm²

地区	−5.0 m 等深线面积合计	围填海空间资源承载力	未来20年围填海控制总量	未来10年围填海控制总量	未来5年围填海控制总量
辽宁省	474 358.10	234 340.30	93 736.20	46 868.10	23 434.05
其中大连市	164 110.70	111 891.40	44 756.60	22 378.30	11 189.15
河北省	173 040.60	85 809.92	34 324.00	17 162.00	8 581.00
天津市	93 363.50	59 336.60	23 734.60	11 867.30	5 933.65
山东省	509 796.10	116 152.60	46 461.20	23 230.60	11 615.30
其中青岛市	63 046.00	41 003.30	16 401.40	8 200.70	4 100.35
江苏省	531 918.40	429 612.30	171 845.00	85 922.50	42 961.25
上海市	176 365.20	36 591.30	14 636.60	7 318.30	3 659.15
浙江省	371 934.20	258 801.10	103 520.40	51 760.20	25 880.10
其中宁波市	6 058.50	4 289.50	1 715.80	857.90	428.95
福建省	336 823.10	179 486.70	71 794.60	35 897.30	17 948.65
其中厦门市	32 987.60	3 543.40	1 417.40	708.70	354.35
广东省	600 783.20	255 543.00	102 217.20	51 108.60	25 554.30
其中深圳市	4 380.30	2 200.90	880.40	440.20	220.10
广西壮族自治区	223 513.70	55 645.90	22 258.40	11 129.20	5 564.60
海南省	149 987.60	78 457.20	31 383.00	15 691.50	7 845.75
总计	3 912 466.80	1 789 776.90	715 910.80	357 955.60	178 977.70

全国围填海空间资源承载力总量为 1 789 776.90 hm²，未来10年全国围填海控制总量为 357 955.60 hm²，其中江苏省最大，达到 85 922.50 hm²，占全国围填海规模控制总量的 24.0%，其次为浙江省，为 51 760.20 hm²，占全国围填海规模控制总量的 14.46%，第三为广东省，围填海规模控制总量为 51 108.60 hm²，占全国围填海规模控制总量的 14.28%，依次为辽宁省围填海规模控制总量 46 868.10 hm²，福建省围填海规模控制总量 35 897.30 hm²，山东省围填海规模控制总量 23 230.60 hm²。

第三节　基于需求预测理论的围填海总量控制方法

沿海地区社会经济发展对围填海的需求是围填海现象存在的根本原因。如何辨析我国当前大规模围填海的真实需求和规模扩张需求，甄别围填海的不同驱动机制，科学预测我国社会经济发展的实际围填海需求，是围填海总量控制的基础工作。本节从围填海社会经济需求与资源承载力方面研究围填海需求预测方法，并预测围填海的实际需求，以此作为围填海规模控制的基本依据。

一、围填海需求主导因素筛选

影响围填海需求的因素是多方面的，主要包括社会因素、经济因素、资源条件、政策因素等。由于政策因素的多变性和难以准确地量化，本书主要采用社会、经济、资源三方面因素对我国围填海的需求量进行预测分析。影响因素初步筛选依据了围填海需求驱动机制分析结论，并邀请来自海洋管理部门、海洋科研机构的专家采用头脑风暴法罗列出影响围填海需求的因素。影响因素的相关说明见表5-3。

表5-3　围填海影响因素及说明

影响因素	影响因素说明	影响因素含义	数据来源
围填海现状	上年度围填海规模	反映围填海发展趋势及技术水平	海域使用管理公报
	已填海区域使用效益	反映填海区域带来的经济效益	海域使用管理公报及调查咨询材料
	单位面积填海投资强度	反映围填海区域开发的投资强度	海域使用论证报告及相关材料
资源条件	大陆海岸线长度	从一定程度上反映围填海潜力	各省级人民政府批复的海岸线修测成果
	围填海资源承载力	从一定程度上反映围填海承载力（减去自海域法实施以来以确权的围填海面积）	《未来10年全国围填海需求预测报告（国家海洋局，2011年）》

影响因素	影响因素说明	影响因素含义	数据来源
社会经济 发展需求	单位岸线海洋经济产值	反映单位海岸线利用的经济效益	海洋经济统计年鉴
	固定资产投资额	反映区域经济发展的宏观调控 力度	各省市统计年鉴
	GDP	反映地区经济发展程度	各省市统计年鉴
	城市化水平	反映非农人口增长带来的居住用 地和基础设施用地需求	各省市统计年鉴、国民经济与社会 发展统计公报、中国城市统计年鉴
	经济发展速度	从侧面反映地区经济发展对土地 的需求程度	各省市统计年鉴
	单位土地面积产出率	反映不同地区围填海土地的上产 潜力和土地利用效益的差异	各级统计年鉴及各级土地局网站
	区域海洋经济占 GDP 比重	反映海洋经济发展程度	海洋经济统计年鉴
	人口规模	反映区域人口集聚带来的工商业 用地和基础设施用地需求	各省市统计年鉴

通过对表 5-3 所列围填海需求的影响因素进行相关分析，得出如表 5-4 所示的围填海与上年度围填海面积、地区人口总数、地区生产总值、固定资产投资额、围填海资源承载力、大陆海岸线长度 6 个因素具有显著的相关性，而与其他因素没有明显的相关性。因此，选取上述 6 个因素作为影响围填海需求规模的主导因素。表 5-4 为影响围填海需求规模主导因素之间的相关矩阵，从表中可以看出：围填海面积与围填海资源承载力相关最为密切，相关系数达到 0.837，显著水平 0.001%；与上一年度围填海规模相关程度次之，相关系数为 0.819，显著水平 0.001%；与大陆岸线长度相关程度排第三，相关系数为 0.797，显著水平 0.001%；与固定资产投资额相关程度排第四，相关系数 0.762，显著水平 0.002%；与人口规模相关程度排第五，相关系数 0.734，显著水平 0.003%；与 GDP 相关程度排第六，相关系数 0.648，显著水平 0.012%。

表 5-4　围填海影响主导因素相关矩阵

	围填海面积	人口	上一年度围填海规模	大陆岸线长度	固定资产投资额	GDP	围填海资源承载力
围填海面积	1	0.734 P=0.003	0.819 P=0.001	0.797 P=0.001	0.762 P=0.002	0.648 P=0.012	0.837 P=0.001
上年度围填量		1	0.760 P=0.001	0.815 P=0.000	0.922 P=0.000	0.918 P=0.000	0.700 P=0.005
围填资源承载力			1	0.837 P=0.000	0.846 P=0.000	0.676 P=0.006	0.737 P=0.003
海洋经济产值				1	0.906 P=0.000	0.738 P=0.001	0.876 P=0.000
海岸线长度					1	0.906 P=0.000	0.788 P=0.001
固定资产投资额						1	0.735 P=0.003
新增建设用地面积							1

二、围填海需求预测模型构建

采用主成分分析法分析影响围填海需求各主导影响因素的载荷，根据各主导因素载荷的大小确定 6 个主导因素对围填海需求影响的权重。通过主成分分析（见表 5-5）可以看出：最大的 3 个特征根分别为 4.490、0.684 和 0.415，他们的累积贡献率分别达到 74.835%、86.238% 和 93.147%，说明第 1 个主成分包含了原始数据 74.835% 的信息，第 1 个主成分和第 2 个主成分合计包含了原始数据的 86.238% 的信息，前 3 个主成分包含了原始数据 93.147 的信息。因此，选取前 2 个主成分做进一步计算（一般认为，主成分的累积贡献率达到 85% 时即可保留有效信息）。

表 5-5　主成分分析特征根及其贡献率

主成分	特征根	特征根贡献率（%）	累计贡献率（%）
1	4.490	74.835	74.835
2	0.684	11.403	86.238
3	0.415	6.909	93.147
4	0.305	5.077	98.224

计算主导因素在每个主成分上的载荷（见表5-6），可以看出人口规模、固定资产投资额、GDP在第一主成分上有较高载荷，说明第一主成分主要代表了社会经济发展需求对围填海需求量的影响；大陆岸线长度、上一年度围填海规模、围填海资源承载力在第二主成分上有较高载荷，说明第二主成分主要代表了资源条件对围填海需求量的影响。

表5-6 主成分载荷

主导因素	第一主成分	第二主成分
人口规模	0.939	−0.151
大陆岸线长度	0.375	0.784
固定资产投资额	0.941	−0.238
GDP	0.927	−0.089
上一年度围填海规模	0.454	0.895
围填海资源承载力	0.624	0.921

利用主成分载荷确定各因素在对围填海需求规模的影响权重，依据各因素对围填海需求规模的影响权重，构建围填海需求预测模型如下

$$Y_i = 0.315F_{i1} + 0.685F_{i2} \tag{5-2}$$

其中 $F_{i1} = 0.471X_{i1} + 0.016X_{i2} + 0.332X_{i3} + 0.298X_{i4} + 0.091X_{i5} + 0.176X_{i6}$

$F_{i2} = -0.187X_{i1} + 0.516X_{i2} - 0.325X_{i3} - 0.089X_{i4} + 0.613X_{i5} + 0.792X_{i6}$

式中：X_{i1}为第i省（市）人口规模；X_{i2}为第i省（市）大陆岸线长度；X_{i3}为第i省（市）固定资产投资额；X_{i4}为第i省（市）GDP；X_{i5}为第i省（市）上一年度围填海规模；X_{i6}为第i省（市）围填海资源承载力。

将2011年的实际数据代入回归模型，可求得当年各沿海省市的围填海需求规模，预测值与实际值的比较见图5-1。从图中可以看出，主成分回归模型的预测值与实际值拟合程度较好，除个别地方数据偏差较大外，绝大部分的预测值与实际值偏差较小（误差在10%以内）。

三、围填海需求预测

根据沿海各省市当前资源现状和社会经济发展趋势以及社会经济发展规划，建立

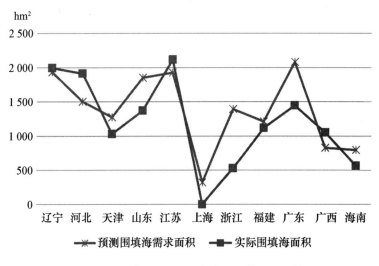

图 5-1　围填海预测面积与实际围填面积比较

未来 10 年沿海各省市影响围填海 6 个因素的发展序列。其中上一年围填海面积为当年围填海预测面积，海岸线长度保持不变，围填海空间资源承载力去除掉预测年度以前围填海面积，海洋经济生产总值为按照 2010 年海洋经济增加值每年累计增加值，固定资产投资额为以 2010 年固定资产投资额基数，按照每个地区经济增长速度同步增长值，新增建设用地面积根据国土资源部土地利用规划中每个省市 2010—2020 年新增建设用地规模，估算出每年平均新增建设用地。以 2010—2020 年的围填海需求主导因素序列数据为输入，模拟得到未来 5 年和未来 10 年的全国及各省级行政区围填海总量控制规模（表 5-7）。未来 5 年全国围填海规模控制在 177 756.40 hm²，其中山东省围填海控制规模最大，为 26 091.92 hm²，其次为广东省，围填海规模控制面积为 23 592.99 hm²，浙江省围填海规模控制面积为 20 497.63 hm²，江苏省围填海规模控制面积为 17 613.78 hm²，辽宁省围填海规模控制面积为 17 083.19 hm²，以上 5 个省是未来 5 年围填海规模控制面积比较大的地区，每年围填海规模控制面积都在 6 000 hm² 以内。未来 10 全国围填海规模控制面积在 386 436.30 hm²，其中山东省围填海控制规模最大，为 56 467.04 hm²，其次为广东省，围填海规模控制面积为 49 490.17 hm²，浙江省围填海规模控制面积为 44 716.26 hm²，江苏省围填海规模控制面积为 40 867.64 hm²，辽宁省围填海规模控制面积为 40 630.70 hm²，福建省围填海规模控制面积为 39 862.85 hm²，上海市围填海规模控制面积为 31 192.94 hm²，以上 7 个省（直辖市）是未来 10 年围填海规模控制面积比较大的地区。

表 5-7　基于需求预测的围填海规模控制总量

地区	未来 5 年围填海规模控制总量（hm^2）	未来 10 年围填海规模控制总量（hm^2）
辽宁省	17 083.19	40 630.70
河北省	10 680.72	25 420.34
天津市	13 180.23	25 582.45
山东省	26 091.92	56 467.04
江苏省	17 613.78	40 867.64
上海市	15 714.45	31 192.94
浙江省	20 479.63	44 716.26
福建省	18 771.66	39 862.85
广东省	23 592.99	49 490.17
广西区	7 746.75	17 498.98
海南省	6 801.03	14 706.88
全国	177 756.35	386 436.25

第六章

围填海集约利用管理方法

第一节　围填海集约利用控制方法

围填海形成的土地具有与陆地土地相同的功能用途，其管理也可以采用土地集约利用的管理方法。所谓土地集约利用就是指在一定面积的土地上，集中投入较多的生产资料和生活劳动，使用先进的技术与管理方法，以求在较小面积的土地上获得高额产量和收入的一种土地利用方式。按照生产要素投入的构成不同，土地集约利用分为资金密集型、劳动密集型和技术密集型，土地集约利用衡量的指标主要有投资强度、单位面积产出率、用地标准等。围填海形成的土地虽然具有陆地土地的开发利用功能，但它是在将海域围填形成土地基础上的开发利用，因此不能完全照搬土地集约利用的管理方法。许多围填海项目都是依托海岸线进行围填施工，并以建设临海工业、临港工业、滨海城镇、滨海旅游区为目的，临港、临岸是这些围填海建设项目的必要条件，海岸线是围填海集约利用管理的重要衡量指标。综合土地集约利用管理方法和围填海开发利用特点，本节研究构建了围填海集约利用控制的投资强度指标、海岸线指标和用地标准指标。

一、投资强度指标

我国目前建立的海洋功能区划、海域使用论证等技术手段解决了某块海域是否可围填问题，但是缺乏判定某一用海项目围填多少合适的理论与技术标准。由于缺少必要的评估体系与参数，无法对某个项目围填海规模作出限定。为了提高海域资源集约、节约利用水平，2012 年国家海洋局海域综合管理司开展了"产业用海面积控制指标"研究课题，通过调研测算，计算出主要用海行业投资强度—用海面积控制标准。本节以上述研究为基础，建立围填海投资强度—用海面积控制模型如下

$$JY_i = \frac{t_{ij}}{a_{ij} \cdot AT_{j0}} \tag{6-1}$$

式中：JY_i 为项目 i 的围填海面积控制指数；t_{ij} 为 j 行业 i 项目的总投资，万元；a_{ij} 为 j 行业 i 项目的围填海面积，hm^2；AT_{j0} 为 j 行业投资强度—用海面积控制标准。主要行业投资强度—用海面积控制标准见表 6-1。

表 6-1　主要行业投资强度—用海面积控制标准

用海行业	港口	船舶	电力	石化	其他行业
投资强度—用海面积控制标准（万元/hm²）	2 238.64	4 903.33	12 195.12	9 025.27	3 022.98

同时，为了反映围填海项目对海岸线的集约程度，本节建立了围填海投资强度—海岸线占用控制模型如下

$$CY_i = \frac{t_{ij}}{l_{ij} \cdot CT_{j0}}$$

式中：CY_i 为 i 项目的围填海岸线控制指数；t_{ij} 为 j 行业 i 项目的总投资，万元；l_{ij} 为 j 行业 i 项目的海岸线占用长度，km；CT_{j0} 为 j 行业用海投资强度—岸线占用控制标准。主要行业投资强度—海岸线占用控制标准见表 6-2。

表 6-2　主要行业投资强度—海岸线占用控制标准

用海行业	港口	船舶	电力	石化	其他行业
投资强度—海岸线占用控制标准（万元/km）	83 333.33	90 909.09	500 000.00	333 333.33	20 000.00

二、海岸线指标

海陆长期相互作用形成的自然海岸线，具有生态功能多样性、地形地貌稳定性和资源价值稀缺性等特点，这种自然海岸线一旦被破坏和占用，就很难恢复和重建。围填海应尽量不用或少用自然海岸线，避免采用截弯取直等严重破坏自然海岸线的围填海方式。海岸线也是临海产业发展最重要的载体，根据产业用海用岸特点，分为功能性用海和非功能性用海。功能性用海指为了实现海域的某种功能而开发利用，其目的是依托海岸线实现海域的功能，港口工程用海、船舶产业用海属于功能性用海，对于该种类型的用海，可以用新形成海岸线长度与原占用海岸线长度的比值来反映海岸线的利用程度，即海岸线冗亏指数。海岸线冗亏指数计算模型与标准赋值见本书第三章第一节。非功能性用海指以获取土地为目的的围填海造地用海，主要是为了解决土地资源供给不足的问题，其常常不需要使用海域的功能和海岸线，应尽量减少海岸线占

用长度。电力、石化及其他行业类型属于非功能性填海，对于该类型的围填海，可以用单位海岸线填海造地面积来反映海岸线的利用程度，即围填海强度指数。围填海强度指数计算模型与标准赋值见本书第三章第一节。

很多滨海城市和港口的发展都是向海洋拓展获取发展空间的，海岸线一旦被占用，将影响城镇和工业向海洋拓展发展空间；同时为满足人民群众的亲海需求，一个区域必须有足够的开放海岸线，作为人民群众亲海、赶海、观海的公共空间，由此海岸线开发退让概念被提出来。海岸线开发退让就是海岸开发建设退让出海岸线，它包括海岸开发退让距离和海岸开发退让比例两个指标。海岸开发退让距离指海岸开发建设项目相对于海岸线的后退距离，海岸开发退让比例指海岸开发建设项目中实施退让区域的海岸线长度占区域岸段总长度的比例。在滨海旅游区规划设计中，一般要求建筑物与海岸线之间的退让距离要大于 30 m，有的区域要求大于 50 m。海南省三亚市要求三亚湾、大东海、小东海、鹿回头、海坡等区域建筑物退让距离大于 80 m，亚龙湾及其他海滨除特殊地段外建筑物退让距离要大于 100 m。有关专家建议临海工业区海岸开发退让距离应大于 30 m，退让比例不低于 20%；滨海城镇区海岸开发退让距离应大于 50 m，退让比例不低于 30%。

三、用地标准指标

围填海形成的土地，多直接投入建设利用。因此可利用建设土地集约利用标准控制围填海规模。近年来，在陆地规划中，为了突出集约节约用地，一些标准规范、政策相继出台。《城市用地分类与规划建设用地标准》规定的规划用地结构见表 6-3。新建城市的规划人均城市建设用地指标应在 85.10~105.00 m^2/人之间，其中人均居住用地面积 23.00~38.00 m^2/人之间，人均公共管理与公共服务设施用地面积不应小于 5.50 m^2/人，人均道路与交通设施用地面积不应小于 12.00 m^2/人，人均绿地面积不应小于 10.00 m^2/人。

表 6-3　规划建设用地结构

类别名称	占规划建设用地比例（%）
居住用地	25.00~40.00
公共管理与公共服务设施用地	5.00~8.00
工业用地	15.00~30.00
道路与交通设施用地	12.00~30.00
绿地与广场用地	10.00~15.00

2008 年国土资源部印发的《工业项目建设用地控制指标》，提出了工业项目投资强度控制指标、建设容积率控制指标、建筑系数、行政办公及生活服务设施用地面积、绿地率等控制标准。临港工业区、临海工业区等围填海建设工业园区的规模控制可用建设容积率控制指标、建筑系数、行政办公及生活服务设施用地面积、绿地率等控制标准进行评估控制。工业项目的建筑系数应不低于 30%；工业项目所需行政办公及生活服务设施用地面积不得超过工业项目总用地面积的 7%，严禁在工业项目用地范围内建造成套住宅、专家楼、宾馆、招待所和培训中心等非生产性配套设施；工业企业内部一般不得安排绿地，但因生产工艺等特殊要求需要安排一定比例绿地的，绿地率不得超过 20%；临海工业建筑容积率控制标准见表 6-4。

表 6-4　临海工业建筑容积率控制标准

行业分类		容积率
代码	名称	
23	农副食品加工	≥1.00
24	文教体育用品制造业	≥1.00
25	石油加工、炼焦及核燃料及加工业	≥0.50
26	化学原料及化学制品制造业	≥0.60
27	医药制造业	≥0.70
28	化学纤维制造业	≥0.80
29	橡胶制造业	≥0.80
30	塑料制造业	≥1.00
31	非金属矿物制品业	≥0.70
32	黑色金属冶炼及压延加工业	≥0.60
33	有色金属冶炼及压延加工业	≥0.60
34	金属制品业	≥0.70
35	通用设备制造业	≥0.70
36	专用设备制造业	≥0.70
37	交通运输设备制造业	≥0.70
39	电器机械及器材制造业	≥0.70
40	通信设备、计算机及其他电子设备制造业	≥1.00
41	仪器仪表及文化、办公用机械制造业	≥1.00
42	工艺品及其他制造业	≥1.00
43	废弃资源和废旧材料回收加工业	≥1.00

第二节　围填海布局优化集约利用方法

围填海空间布局就是围填海项目在海域空间的平面形态与功能分布。优良的围填海平面设计与功能布局不但可以最大限度地减少围填海活动对海洋生态环境的影响，还可以有效提升围填海形成土地的临岸资源价值，提高围填海区域整体资源集约利用水平。为此，国家十分重视围填海平面设计管理，要求围填海平面设计由海岸向海延伸式用海逐步转变为人工岛式和多突堤式用海，由大面积整体式用海逐步转变为多区块组团式用海，围填海平面设计要体现离岸、多区块和曲线的设计思路。

为优化围填海平面布局，提高围填海海域的集约利用水平，本节在深入研究国内外围填海平面设计的基础上，从围填海用海面积规模与地理位置布局、围填海海岸线长度改变、围填海亲海岸线营造、围填海自然海岸线保护、围填海水域空间保留以及围填海海洋过程畅通等方面筛选了围填海平面设计的评价指标，其指标筛选遵循的原则如下。

（1）保护自然岸线的原则。自然岸线具有环境上的稳定性、生态上的多样性和资源上的稀缺性等多种特点。自然岸线一旦遭到破坏，很难恢复和再造。因此，围填海工程建设，要保护自然海岸线，尽量不用或少用自然岸线，维护海岸资源生态功能。

（2）延长人工岸线的原则。围填海形成土地的价值主要取决于新形成土地的面积和新形成人工岸线的长度。人工岸线越长，则新形成土地的临岸价值越大。因此，围填海工程的平面设计要尽量增加人工岸线曲折度，延长人工岸线的长度，提高新形成土地的价值。

（3）提升亲海景观效果的原则。围填海工程必然会改变原有海岸线的自然景观，因此对围填海新形成土地的开发利用，一定要十分注重景观的建设。一般情况下，应在人工岸线向陆一侧留出一定宽度的景观区域，进行必要的绿化和美化。同时要注意营造人与海洋亲近的环境和条件。

（4）集约、节约用海原则。围填海要充分保护有限的自然海岸线，集约、节约现有自然岸线，促进围填海集中布局于一定的海岸线段，以避免围填海遍地开发，避免占用和破坏有限的海岸空间资源。

（5）保护海洋生态环境原则。围填海要尽量减少对所在海域海洋环境的影响，尽可能多预留原有海域空间，保留重要的潮汐通道和生态通道，以改善围填海区域水动力过程，保护海洋生物的洄游通道，减少海洋生态环境的干扰与破坏。

根据以上原则，从集约利用海域资源，维护海洋生态功能角度，本节分别构建了人工岛式、顺岸突堤式、区块组团式用海布局的评估指标、评估标准和评估模型，开发了围填海平面设计评估模型，作为围填海布局优化的技术库，具体见于永海、索安宁编著的《围填海评估方法研究》。面对一个围填海项目设计方案，首先判断该围填海项目属于人工岛式用海、顺岸突堤式用海和区块组团式用海中的哪一种用海方式。根据判断出的具体用海方式，选取相应的评估指标，对围填海项目规划方案中的具体指标进行计算评估，判断各个评估指标达到的标准等级，通过模型对围填海规划方案整体布局效果进行综合评估，诊断其空间布局的总体优良状况。经过对围填海项目规划方案中各个指标的评估，对于符合指标等级要求的方案，围填海规划方案的各指标不做优化；对于部分指标符合指标等级要求，部分指标不符合指标等级要求的方案，提出围填海规划方案的具体优化指标和优化途径及方法；对于整体不符合指标等级要求的围填海规划方案，要求围填海规划方案编制单位重新编制围填海规划设计方案。围填海规划方案编制完成后，重新采用上述方法对用海指标进行评估，直到围填海规划设计方案符合围填海布局评估指标等级标准。围填海规划布局优化管理模式见图 6-1。

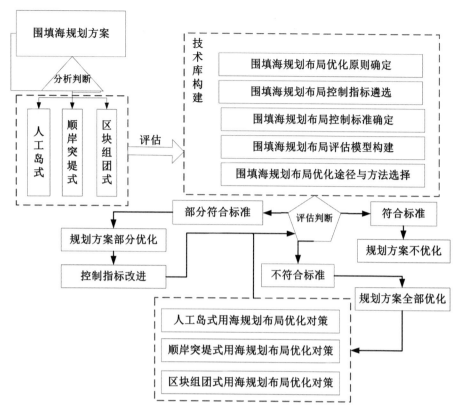

图 6-1　围填海布局优化管理模式

第三节 围填海有偿使用集约利用方法

随着我国社会主义市场经济体制的不断完善和海域使用管理制度改革的逐渐深入，我国海域使用权市场已经形成，市场机制在海域资源利用配置中的基础性作用越来越重要，已成为促进海域资源集约、节约使用的主要手段。围填海海域使用权转让属于海域使用权二级市场，包括海域使用权转让、出租、转包、抵押、入股等形式。以上海域使用权市场行为活动过程中，可形成市场交易价、抵押价、典当价、征用价等。其中市场交易价指进入海域使用权市场交易的拍卖、招标、挂牌、转让、转租等过程中形成的价格。抵押价指为取得贷款将海域使用权进行抵押而评估的价格。典当价指在资金周转困难的情况下，海域使用权受让人典当海域使用权时，典当人向出典人支付的价款。征用价是指政府提前收回海域使用权时，向海域使用权受让人支付的补偿价格。

一、海域使用价值评估方法

近年来，海域使用权市场发展逐步显现，辽宁、山东、江苏等地开展了海域使用权招标和拍卖工作实践，温州、秦皇岛等地出现了以抵押、合资为目的的海域使用权二级市场，这些海域使用权市场的发展和完善，促进了海域资源的集约、节约利用。围填海项目用海具有投资规模大，开发建设周期长，海域使用权价值收益高，海域空间自然属性改变剧烈等特点。因此，准确评估围填海项目海域使用权价值，要同时考虑围填海项目用海位置、开发利用方式、开发利用方向和围填海工程成本等多种要素。目前，在围填海海域价值评估中使用的较为普遍的方法包括收益现值法、剩余法、市场比较法等。

（一）收益现值法

收益现值法又称收益还原法、收益资本金化法，是指通过估算被评估资产的未来预期收益并折算成现值，借以确定被评估资产价值的一种资产评估方法。收益现值法对资产进行评估的实质是将资产未来收益转换成资产现值，而将其现值作为待评估资产的重估价值。收益现值法的基本理论公式可表述为：资产的重估价值＝该资产预期各年收益折成现值之和。

收益现值法是目前我国海域评估的主要方法，其核心思想是认为海域资源价格是海域资源收益的资本化。收益现值法通过预测用海盈利期内的未来收益，并选择适用的折现率，将未来收益折换成评估基准日的现值，用各期未来收益现值累加之和，求取待估海域在一定时间、一定产权状态下价格的一种方法。在通常情况下，人们使用某宗海域的目的是在正常情况下获得该海域的纯收益，并期望在未来若干年间也可以源源不断地获得该收益。将这种在未来所获得的纯收益以某一适当的还原利率贴现到评估时日得到一个货币总额（现值），那么这个货币总额存入银行，也能源源不断地带来与这个纯收益等量的收入。这一货币额就是这块海域的理论价格。运用收益现值法进行宗海价格评估时，关键是要确定被评估海域的预期收益额、收益期限和适用的还原率。

（二）剩余法

剩余法又称假设开发法、倒算法、残余法或余值法等。剩余法是在估算开发完成后不动产正常交易价格的基础上，扣除建筑物建造费用和与建筑物建造、买卖有关的专业费、利息、利润、税收等费用后，以价格余额来确定土地价格的一种方法。剩余法是一种科学实用的估价方法。剩余法更深的理论依据完全类似于地租原理，只不过地租是每年租金的剩余，剩余法是一次性的价格剩余。

剩余法主要适用于围填海项目用海，根据围填海后土地的价值扣除全部开发成本等费用后求取某一海域的宗海价格。对围填海，可根据毗邻土地出让价格、毗邻土地基准价格、配套设施建设费、围填海的设施配套情况等数据资料，估算围填海后新增土地的出让价格，从而计算海域使用权人获得的总收益（即围填海后土地的价值）。如果海域使用权人围填海后，所得土地不出售，而由海域使用权人开发使用，则假设海域使用权人不围填海，如果进行同样的开发活动，必须在邻近地区购买相似的土地，直接购买土地会花费一定的费用。根据替代原理，可以估算海域使用权人获得的收益。

利用剩余法进行围填海宗海估价时，土地价格的确定是关键。土地价格可选取毗邻地区土地的价格来估算。在选取毗邻地区土地进行比较时，应选取相同类型的土地类型，例如围填海后形成的土地是要用作商业用途的，那么在选取相邻土地估算填海后形成的土地价格时，应选取商业用地。

（三）市场比较法

市场比较法是在求取一宗海的价格时，根据替代原则，将待估海域与较近时期内已经发生交易的类似海域交易实例进行对照比较，并根据后者已知的价格，参照该海域的交易情况、期日以及个别因素等差别，修正得出待评估海域的评估土地价值的方法。这里的"类似宗海"，是指海域所在区域的区域特性，以及影响海域价格的因素和条件均与待评估宗海相类似的宗海。

使用市场比较法的前提条件是建立成熟完善的海域资源交易市场，并提供足够多的交易案例。随着我国海域资源交易市场的发展，市场比较法将成为未来海域资源价格评估的主要方法之一。其关键技术包括市场的确定、交易案例的选择和对交易案例的影响因素修正等。

二、不同海域使用权价值评估方法适用性分析

对于围填海形成的尚未发生交易的经营性用地，由于其海域使用权价值收益的测算有许多不确定因素，宜采用围填海工程成本法评估围填海项目用海海域使用权价值。对于区域建设用海规划中的道路、管道设施、绿地、公园等公共建筑和公共设施用地，也适宜采用围填海工程成本法评估围填海项目用海海域使用权价值。采用成本法评估围填海项目用海海域使用权价值时，围填海项目用海海域使用权价值等于海域使用权取得费、海域空间开发费、海域空间开发利息、海域空间开发利润、各类税费和海域使用权价值增值收益之和。这里的利息以海域使用权取得费、海域空间开发费和税费的投入期限分别计算应付的利息。各类税费根据国家有关政策进行计算或调整。利润可根据同一市场相似工程的投资回报率计算。根据海域使用权取得费、海域空间开发费、各类税费、利息和利润之和乘以海域使用权价值增值率确定海域使用权增值收益。增值率可参考毗邻土地的增值情况。

如果围填海是用于商业、住宅、工业等经营性地产，则可以采用假设开发法评估

围填海项目用海海域使用权价值。假设开发法评估围填海项目用海海域使用权价值的基本思路是通过待开发海域未来将建造完成的建筑物连同海域可实现的价值，扣除围填海工程和建筑工程、销售建筑工程所需花费的各种累积成本及应取得的正常利润，推导出的围填海项目用海海域使用权价值。根据围填海后所开发的不动产类型确定不动产总价值。对于商品房、工业厂房等可按市场上同类用途、性质、结构的不动产交易价格，采用市场比较法确定。对于写字楼、商业不动产，可根据市场上同类性质、用途、结构、装修条件的不动产租金水平，采用市场比较法确定不动产出租的纯收益，再采用收益法将出租纯收益转化为不动产总价值。不动产建筑成本包括不动产建筑工程费和不动产建筑专业费。不动产建筑工程费可采用建筑工程概预算的方法估算；不动产建筑专业费采用建筑工程费用的一定比例估算。

在海域使用权市场较发达的地区进行连片大规模围填海时，若有充足的具有替代性的海域使用权交易实例的情况下，可采用市场比较法评估围填海项目用海海域使用权价值。采用市场比较法评估围填海项目用海海域使用权价值时，一般需要选择 3 个比较案例，且交易案例与待评估宗海具有相关性和可替代性，开发用途相同，所处位置也为相邻或相近区域，交易时间应相近。同时要选择对围填海项目海域使用权价值有直接影响的因素进行比较。

在已开展过海域使用权基准价格测算并建立海域使用权基准价修正体系的区域，围填海项目用海海域使用权价值评估可采用基准价格系数修正法。这里的海域使用权基准价值是指按照海域使用类型、分别评估确定的某一基准日上的法定最高年限海域使用权的平均价值。海域使用权基准价值是以海域级别基准价值或海域区片基准价值来表示的。海域级别基准价值是指在确定利用条件下，在基准日某一用海类型的某一级别法定最高使用年限海域使用权平均价值。海域区片基准价值是指在确定利用条件下，在基准日某一用海类型的某一均质区域法定最高使用年限的海域使用权平均价值。

第四节　围填海资源收储管理方法

随着海域使用权市场的不断发育和完善，通过市场机制取得海域使用权已成为我国海域使用权出让的重要方式。由于海域使用权市场具有和土地使用权市场同样的逐利特征，一些企业财团可能会凭借强大的资金势力，囤积大规模的海域使用权，炒作海域使用权，从中牟利，从而扭曲海域使用权市场化的意义，扰乱海域资源正常的开发利用秩序。因此，有必要建立政府主导的海域资源储备库，分功能用途、分类型、有计划、有步骤地向市场推出海域使用权，满足海洋经济发展对海域资源的需求，促进海域使用权市场的健康发展。

一、围填海资源收储管理方法的需求分析

（一）盘活围填海存量，优化海域资源配置

根据我国海域使用相关的法律法规，不同用途的海域使用权使用期限各不相同，最长时间的建设工程用海为 50 年。海域使用权到期不办理续期申请的海域，需要收回海域使用权，重新出让。历史上的许多盐业用海，由于海盐生产工艺的改进和市场需求的波动，许多盐田被废弃或使用效益极低。一些养殖用海也因长期淤积或环境恶化而废弃，使用效益极低。另外，由海域使用权出让产生的一些边角海域也长期闲置。以上围填海存量在一些区域规模可观，严重阻碍着海域资源开发利用进程和海洋经济发展速度与质量。为此，必须建立政府主导的围填海存量资源储备机制，将使用权到期海域收回储备；将废弃低效盐田收购储备；将废弃、低效养殖用海置换并整治修复；将分散闲置的海域置换规整。在此基础上，建立基于海洋功能区划的分级分类海域储备数据库，由政府统一规划、统一整理。对于储备的海域使用权，由评估机构

统一评估确定分级分类的海域使用权出让价格，挂牌交易或以招标、拍卖等方式统一出让。通过以上措施盘活海域资源存量，优化海域资源配置。

（二）进一步完善海域使用权市场机制

早在 2002 年财政部和国家海洋局就联合发文，要求海域市场需求较大、海域开发利用程度较高的地区要有计划地开展海域使用权招标、拍卖、挂牌出让工作，探索海域使用权出让的市场运作机制。现在一些地区海域使用权市场初步完备，但是还有很多地方海域使用权市场仍存在很多问题。其中主要原因之一就是海域资源储备能力不足，缺乏专门从事海域资源储备、交易的组织机构，不能保证海域使用权交易的公开、公平和公正等市场交易原则。为此，必须建立海域资源储备机制，依据海洋功能区划、海域使用规划和海域使用权市场需求，以政府储备的海域资源公开、公平、公正招标、拍卖、挂牌出让等活动规范海域使用权一级市场的交易机制，保证海域使用权一级市场的供需平衡和稳健发展。通过海域使用权一级市场的规范，引导和培育出租、转让、抵押等海域使用权二级市场的健康发展，达到通过市场优化配置海域资源，实现国有海域资产保值增值的海域使用管理目标。

（三）集约利用围填海存量资源，实现国有海域资源资产保值增值

通过建立海域资源储备管理，可将开发利用低效、分布零散、使用功能丧失的海域收储、修复、整理、管理、适时出让，可实现低效、分散海域资源的集约、高效利用，提升海域资源使用价值，实现国有海域资产的保值增值，增加国有海域资源的资产性使用收益。通过围填海海域资源收储、管理和出让，国家和地方有足额资金用于海域资源的整治修复和保护工作，促进海域资源管理步入良性循环轨道。同时还可对海岸线、围填海、养殖用海等行业、专项、稀有海域资源进行政府储备，优化利用配置，实现稀有海域资源的高效利用，以支撑我国海洋经济持续快速发展。

二、我国海域资源储备管理实践

2010 年，福建省莆田市参照林权改革和土地储备管理的方法，从养殖用海海域收储入手，在涵江区、秀屿区尝试收储海域 2 000 hm²，是我国海域资源储备范围、方式、程序和资金来源等方面的第一次实践探索。2013 年 1 月，浙江省第一宗公开招标拍卖挂牌的建设用围填海政府储备项目海域使用权在象山县出让成功。该项目是

象山县海洋与渔业局组织实施的鹤浦镇盘基塘 1 号宗海，某海洋经济发展有限公司以 2 536 万元的成交价竞得该宗海域的使用权。2013 年 12 月，象山县海洋与渔业局又对 1 宗面积为 19.503 8 hm² 的海域提出海域储备申请，呈报浙江省海洋与渔业厅审批。2014 年 2 月，南通市海域储备中心完成腰沙海域面积 496.5 hm² 渔业用海的储备和超过 2 670 hm² 建设用海域的储备。

围填海存量资源储备管理制度在我国还处于萌芽发展阶段，沿海各地都在探索可行的实施方法。由于我国现行的海域管理制度和对海域资源价值认识的不足，海域资源储备管理工作中仍存在着许多问题。

（一）海域资源储备机构职能定位不明确

目前，许多地方虽然明确了海域储备管理机构的职责，但海域资源储备机构职能定位上仍不明确，有些地方直接挂靠海洋行政管理部门，有些地方单独设立事业单位，还有些地方按照国有企业的形式进行管理。

（二）海域资源储备管理人才短缺

由于海域资源储备管理是一个全新的工作领域，加上海域资源储备管理工作内容复杂繁多，既涉及海域资源测量收储，又涉及海域资源工程整治，还涉及海域资源价值评估与市场出让，这种具备专业知识全面、专业技能突出的复合型人才极为短缺。

（三）海域资源储备管理运行机制有待完善

一些地方虽然已经尝试海域资源储备管理工作，但由于海域资源收储、整治修复与管理需要大量的资金投入，地方政府财政投入有限，海域使用权抵押贷款只有少数金融机构认同，融资难度较大。

（四）海域资源储备管理国家政策引导不足

虽然一些地方政府开展了海域资源储备管理实践的尝试，但创建一种新的海域资源管理制度需要人才、资金、设施等多方面的投入，现行的海域使用管理制度在某些方面仍有掣肘，需要国家从宏观上对海域资源储备管理制度予以引导和扶持。

三、围填海存量资源储备管理制度模式探讨

围填海存量资源与土地资源具有很多相似的特征，土地资源的许多管理思路在围

填海存量资源管理中可以借鉴，但围填海存量资源也具有一些自身特征。因此，围填海存量资源储备管理可在土地资源储备管理制度的启发下，构建具有海洋资源特色的储备管理制度模式。

（一）构建围填海存量资源整治储备中心

以国家海域海岸带整治修复工作为契机，构建市级海域资源整治储备（交易）中心，并按照国有企业的方式进行管理。将海域海岸带整治修复项目执行交给海域资源整治储备（交易）中心，由其专门负责海域海岸带整治修复项目的执行工作，达到执行和监管工作的分离。海域资源整治储备（交易）中心可凭借自身的海域资源储备职能，将亟须整治修复的海域，纳入国家海域整治修复工作计划，将整治完备可供开发利用的海域资源纳入海域资源储备数据库，按海域资源市场需求，有计划地将不同区位、不同用途、不同规模的海域使用权推向市场，同时可将海域使用权出让的部分收益，投入到海域海岸带整治修复项目，弥补地方配套经费不足的问题，以理顺目前我国的海域资源整治修复储备机制。

（二）实行围填海存量资源分类多途径储备

按照海洋功能区划对海域空间的用途管制要求，对海域资源实行分类储备。在农渔业功能区，依据海域资源的开发适宜性，可对农业围垦海域、围海海域、底播养殖海域、浮筏海域等进行分类储备。在交通运输功能区，可依据深水岸线资源承载能力的大小，进行分级储备。在工业与城镇建设功能区，根据围填海适宜区域规模、形状、分布及其资源环境影响等条件，进行分区储备。以上各类海域资源的储备途径包括：①海域使用权期限届满，被依法收回的海域；②闲置，被依法收回的海域；③为实施海域功能区划需要调整使用的海域；④取得海域使用权后无力继续开发，又不具备转让条件的海域；⑤为公共利益或实施海域功能区划需要进行储备的海域；⑥其他需要储备的海域。

（三）完善围填海存量资源价值评估和有偿使用制度

从海域资源资产及其开发利用收益层面开展海域资源的价值评估，建立海域资源价值评估机制，既能核算海域资源的资产价值，又能实现对海域资源开发利用价值的经济评估。海域资源价值评估为海域资源使用权的市场招标、拍卖、挂牌出让等一级市场的完善提供技术保障，同时也可为海域资源使用权出租、抵押、入股等二级市场的发育壮大提供基本的价格确定机制，实现海域资源的市场配置与优化，保证海域资源储备制度的落实。

（四）实施有计划的围填海存量资源储备与供给制度

海域资源储备应依据地区海域资源开发利用实际情况进行有计划的收购储备。在完成前期收购、储备、开发后，应根据海域开发现状、海域资源市场供需情况等，有计划地把储备好的海域资源推向市场，通过招标、挂牌、拍卖等方式出让，保证海域流转的市场化。海域资源储备应该以海洋功能区划与各类规划为依据，协调好各类用海的分配，使政府更有效地对市场进行宏观调控。

（五）探索多元化的围填海存量资源储备资金筹集途径

海域资源储备需要的资金规模大，在当前海域使用权抵押市场还发育不全的情况下，可探索多元化的海域资源储备资金筹集途径。首先，可以以当前的海域海岸带整治修复项目经费为启始，通过国家海域海岸带整治修复项目经费，修复海域海岸带资源环境，将其中一部分能够投入市场的围填海海域，通过招拍挂形式出让，出让溢价可投入其他海域资源整治修复；对于不能马上投入市场的海域使用权，可通过海域使用权抵押贷款形式，向银行融资，用于其他海域的整治修复和收储，待其海域使用权出让，偿还银行贷款后收回海域使用权；另外也可以通过出租部分养殖储备海域，获取租金，并投到海域资源收储工作之中。

（六）建立海域资源整治储备激励机制

为了鼓励海域资源整治储备试点工作的进一步推广，国家和地方政府可在海域资源储备管理政策、海域使用金收缴、海域使用权出让金分配等方面探索激励机制，以培育海域资源收储→整治修复→储备管理→市场出让的整个环节形成良性发展，实现海域资源的集约、节约利用。在国家层面，对于海域资源整治储备和海域使用权市场出让开展得比较好的市县，可列为海域使用集约利用示范市县，可以通过海域海岸带整治修复项目给予支持和扶持。在地方层面，可以参照莆田市的做法，储备海域采用招拍挂形式出让海域使用权的，出让金高于国家和省级规定海域使用金征收标准的溢价部分省级分出30%留给市县级，用于海域储备的滚动开发。

第七章

围填海动态监测与评估方法

第一节　围填海动态监测方法

围填海工程是一种规模大、投入高、对海域使用和海洋生态环境影响较大的海洋开发活动。开展围填海工程海域使用动态监测是加强围填海管理、规范围填海工程用海行为和施工过程，保护海洋资源与生态环境的有效手段。

一、围填海动态监测目的与内容

围填海动态监测的目的是全面掌握围填海工程施工进展和实际开发利用状况，及时发现和防范围填海工程施工过程中对周边海洋资源环境造成的重大不利影响，实现对围填海项目事前、事中、事后进行全过程动态监测。

根据围填海管理技术流程，围填海动态监视监测可分为报批阶段监测、施工阶段监测、竣工验收阶段监测和后评估阶段监测 4 个监测时段。

（一）报批阶段监测

监测时段为围填海项目提交申请后至取得批复前，监测内容包括：围填海项目选址海域的开发利用现状（含有无未批先建项目）、周边海域开发利用情况、申请围填海项目与海岸线的占用关系（尤其是自然海岸线状况与占用）、申请围填海项目用海范围与海洋功能区划的符合性、申请围填海项目用海界址点及面积界定的准确性、海域使用权属的唯一性等。

（二）施工阶段监测

监测时段为围填海项目取得海域使用权批复及证书开始施工至围填海工程施工结束，监测内容包括：围填海用海的位置、用途、用海面积、权属、用海范围、用海方式、空间布局、平面设计等用海情况，以及项目整体围海、填海施工进展，具体的施工工艺、施工方式等现状情况。

（三）竣工验收阶段监测

监测时段为围填海工程施工结束至竣工验收，监测内容包括：围填海实际用海界址范围和用海面积，实际围填海用途、临时设施拆除情况、占用自然海岸线及形成人工海岸线情况等内容。

（四）后评估阶段监测

监测时段为围填海项目竣工验收结束至围填海区域建设运营后若干年，主要监测内容包括：围填海区域实际开发利用状况、围填海区域实际用途是否擅自改变、围填海项目对周边海洋生态环境的长期重大影响、围填海项目的社会经济效益等。

二、围填海动态监测方法

围填海动态监测的不同时段其监测内容和监测要求各不相同，采用的监测方法也不尽相同。报批阶段监测主要采用以遥感监测与系统审查为主，现场监测为辅；施工阶段监测主要采用以遥感监测、现场监测和视频监控相结合的方法；竣工验收阶段监测主要采用现场监测方法；后评估阶段监测主要采用以资料收集、现场调研与调查、遥感监测等相结合的方法。围填海动态监测工作流程如图 7-1 所示。

（一）报批阶段监测方法

利用现场监测与卫星遥感影像监测方法开展围填海选址区域现状监测，并利用国家海域动态监视监测管理系统中的基本业务系统对围填海项目用海申请材料进行技术审查。对围填海项目申请用海界址范围、相邻海域权属信息、海洋功能区划数据和最新高空间分辨率遥感影像进行叠加分析。重点分析围填海项目用海申请界址点及面积界定的准确性、围填海项目用海范围与相邻用海是否存在权属纠纷、围填海项目用海与海洋功能区划的符合性、围填海项目用海界址范围与海岸线的位置与占用关系、申请用海范围内有无未批先建情况等。如果存在未批先建情况，则需查找更早时期的遥感影像资料，确定项目建设的时间，并监测周边海域的开发利用情况。

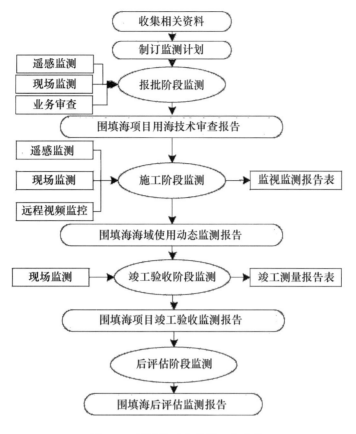

图 7-1 围填海动态监测工作流程

(二) 施工阶段监测方法

围填海施工阶段监测以遥感监测和现场监测为主，远程视频监控为辅，监测频次可根据围填海工程施工进展调整，原则上每个季度应开展一次现场监测，但在围填海工程施工开始、围堰合拢、围填海基本完成等关键施工节点应开展现场监测。遥感监测应及时获取卫星、航空、无人机最新遥感影像，确保每季度至少有一期空间分辨率不低于 15~30 m 的遥感影像，每年至少有一期空间分辨率优于 5.0 m 的高精度遥感影像，对于重点围填海项目确保每年有一期无人机航拍影像。现场监测主要采用 RTK 等测量设备现场实测围填海外边界界址点位置、围填高程等，并拍摄围填海项目用海实景图片。对于建有远程视频监控的项目，要通过远程视频监控手段实时了解围填海项目施工进展，定期填写远程视频监控监视监测记录表，记录围填海工程施工方式、施工材料、施工进度、工程施工对周边海洋功能区的影响，及存在的用海安全隐患等情况。

季度监测重点开展围填海工程施工进展、用海范围、用海面积、用海方式、实际用途、施工工艺、施工方式与围填海项目批复要求的相符性，以及对毗邻用海活动、海洋功能区划产生的影响，海域使用管理措施的落实情况。年度监测主要通过遥感影像提取围填海项目用海范围，制作围填海项目用海遥感监测专题图，在图上标注围填海项目用海红线、施工绿线，计算围填海项目围海面积、填海面积、临时用海面积，核实是否存在超范围、超面积、擅自改变用海位置等情况。

施工阶段监测中发现围填海项目存在违法违规用海倾向和不规范用海行为时，监测单位要及时反馈本级海洋行政主管部门。海洋行政主管部门根据监测数据、视频、影像等资料，及时约谈围填海项目用海法人，告知其存在的隐患及应采取的应急措施，指导其科学规范用海。对于已形成的违法违规用海事实的围填海项目，监测单位要及时反馈本级海洋行政主管部门，并通过国家海域动态监视监测管理系统上报围填海项目审批部门。

（三）竣工验收阶段监测方法

围填海项目施工完成后，要开展一次现场测量，可根据具体情况与围填海项目竣工验收测量统筹安排一并实施，实际用海界址点要通过 RTK 等测量设备现场实测，并拍摄围填海项目用海实景图片。竣工现场测量主要监测项目用海位置、填海及构筑物用海用途、用海面积、实际用海界址坐标、用海方式等与围填海项目用海确权批复的相应内容的符合情况、围填海工程是否超出批复占用海岸线范围、占用自然海岸线及形成人工海岸线情况、临时设施拆除情况、重点目标安全保障措施和风险防范措施落实情况、围填海工程是否对毗邻用海活动或海洋功能区产生较大不利影响等。

（四）后评估阶段监测方法

后评估阶段监测主要通过遥感监测、现场调查、调研、资料收集等方法，监测围填海形成陆域的实际开发利用状况，主要包括各用海单元实际用途是否擅自更改，形成陆域面积、建设面积、行政办公、绿化、道路等开发利用情况及周边海岸线是否发生侵蚀或淤积。同时重点收集围填海项目用海产生的社会效益、经济效益和风险防范情况，主要包括项目投资、产值、收益、纳税等经济效益状况，及就业、收入、教育、医疗等社会效益状况。

第二节　围填海动态评估方法

　　围填海动态评估是对围填海动态监测结果的分析评估,目的是向海洋行政主管部门提供直观明了的围填海动态监测成果。围填海动态评估包括围填海项目实施的功能定位、空间布局、平面设计的符合性评估、围填海实施的面积、范围、施工进度的符合性评估、围填海实施的利益相关者处理情况评估、围填海实施的管理措施落实情况综合评估。

一、围填海项目实施的功能定位、空间布局、平面设计符合性评估

　　围填海项目实施的功能定位、空间布局、平面设计符合性评估主要对围填海工程实施的总体功能定位、空间布局、平面设计与原围填海项目规划方案中的功能定位、空间布局、平面设计的符合性进行评估,包括功能定位符合性评估、空间布局符合性评估和平面设计符合性评估3个方面。为了保证评估过程的准确性,本书探索性地采用以上3个指标的数量化评估方法。

　　对于功能定位,可对原围填海项目规划方案中不同功能区的功能定位与围填海工程实施落实的功能定位进行对比,根据各功能区功能定位的符合性进行打分,符合打1.00分,不符合打0分,各功能区权重为总权重1.00除以功能区个数。例如某围填海项目中有5个功能区块,在围填海实施中有3个功能区块的功能定位与原规划的功能定位符合,其赋值为0.20×1.00+0.20×1.00+0.20×1.00+0.20×0+0.20×0=0.60。

　　对于空间布局,也可对原围填海项目规划方案中不同功能区的空间布局与围填海工程实施落实的各功能空间布局进行对比,根据各功能区空间布局的符合性进行打分,符合打1.00分,不符合打0分,各功能区权重为总权重1.00除以功能区个数。

　　对于平面设计,可以从围填海强度指数、围填海岸线冗亏指数、围填海亲海岸线

指数、围填海自然海岸线利用率、水域空间容积率、水动力廊道指数 6 个方面评估围填海工程实施的平面设计与原围填海项目规划方案中平面设计的符合性。赋值方法为：完全符合赋值 1.00，符合 80% 赋值 0.80，符合 60% 赋值 0.60，依次类推（见表 7-1）。以上各指标的权重及各指标数量化方法参见于永海、索安宁编著的《围填海评估方法研究》。

表 7-1　围填海实施的平面设计符合性评估

评估指标	指标实现比例	标准化赋值	权重
围填海强度指数	100%	1.00	0.20
围填海岸线冗亏指数	80%	0.80	0.20
围填海亲海岸线指数	60%	0.60	0.20
围填海自然海岸线利用率	40%	0.40	0.20
水域空间容积率	20%	0.20	0.10
水动力廊道指数	0	0	0.10

二、围填海项目实施的面积、范围、施工进度符合性评估

围填海项目实施的面积、范围、施工进度符合性评估主要对围填海工程实施的总体面积、范围和施工进度与原围填海项目规划方案中的设计面积、范围、施工进度的符合性进行评估，包括面积符合性评估、空间范围符合性评估和施工进度符合性评估 3 个方面。

面积符合性评估包括围填海工程面积符合性评估、预留水域面积符合性评估，可对原围填海项目规划方案中围填海面积、预留水域面积与围填海工程实施的围填海面积、预留水域面积进行对比，根据面积的符合性进行打分，面积完全符合打 1.00 分，面积超出或减少 20% 赋值 0.80，面积超出或减少 40% 赋值 0.60，面积超出或减少 60% 赋值 0.40，面积超出或减少 80% 赋值 0.20，面积超出或减少 100% 以上赋值 0。

范围符合性评估主要指围填海工程实施的地理位置与原围填海项目规划方案中设计的地理位置的符合性评估，这里主要指围填海工程实施的空间位置偏移。其评估方法如下：围填海工程实施的地理位置与原围填海项目规划方案中设计的地理位置完全重合，赋值 1.00；围填海工程实施的空间范围与原围填海项目规划方案中设计的空间范围之间偏移面积占到围填海总面积的 0.10%，赋值 0.90；围填海实施的空间范

围与原围填海项目规划方案中设计的空间范围之间偏移面积占到围填海总面积的0.20%，赋值0.80；依次类推，直到围填海实施的空间范围与原围填海项目规划方案中设计的空间范围之间偏移面积占到围填海总面积的100%，赋值0。

围填海工程施工进度评估指围填海工程实施的施工进度与原围填海项目规划方案中设计的施工进度的符合性评估。施工进度评估可以按照原围填海项目规划方案中设计的进度阶段分阶段评估，每个阶段权重为$1/n$。对于每个阶段，完全和原设计进度符合，赋值1.00；超出或推迟原进度的20%，赋值0.80；超出或推迟原进度的40%，赋值0.60；依次类推（见表7-2）。

表7-2　围填海面积、范围、施工进度符合性评估

二级指标	符合比例	赋值	权重	一级指标	数值	权重
围填海面积符合性	120%	0.80	0.50	面积符合性	0.80	0.40
水域面积符合性	80%	0.80	0.50			
围填海范围符合性	10%	0.90	0.50	范围符合性	0.85	0.40
水域范围符合性	20%	0.80	0.50			
第一阶段进度符合性	90%	0.90	0.30			
第二阶段进度符合性	110%	0.90	0.30	进度符合性	0.94	0.20
第三阶段进度符合性	100%	1.00	0.40			

三、围填海项目实施的利益相关者处理情况评估

围填海项目实施的利益相关者处理评估为围填海工程实施过程中对相关者利益产生影响的处理情况评估。其评估方法为：如果围填海工程实施过程中对利益相关者协调处理较好，没有发生上访、利益冲突事件的，评估赋值1.00；如果有相关上访事件，上访至县级行政主管部门的，评估赋值0.80；有相关上访事件，上访至地（市）级行政主管部门的，评估赋值0.60；有相关上访事件，上访至省级行政主管部门的，评估赋值0.40；有相关上访事件，上访至国家级行政主管部门的，评估赋值0.20；因利益冲突，出现人员伤亡的，评估赋值0（见表7-3）。上访事件的权重为围填海利益相关者数量n的倒数（$1/n$）。例如，某个围填海涉及利益相关者5个，在利益相关者处理过程中，有2个利益相关者上访至省级行政主管部门，有1个利益相关者上访至国家行政主管部门，其评分为$0.40×0.20+0.40×0.20+0×0.20+0×0.20+0.20×0.20=0.20$。

表 7-3　围填海项目利益相关者处理评估

利益矛盾等级	利益冲突范围	赋值
1	围填海项目实施过程中对利益相关者协调处理较好，没有发生上访、利益冲突事件的	1.00
2	有相关上访事件，上访至县级行政主管部门	0.80
3	有相关上访事件，上访至地（市）级行政主管部门	0.60
4	有相关上访事件，上访至省级行政主管部门	0.40
5	有相关上访事件，上访至国家级行政主管部门	0.20
6	因利益冲突，出现重大人员伤亡	0

四、围填海项目实施的管理措施落实情况综合评估

围填海项目实施的管理措施落实情况综合评估包括围填海工程实施过程中海域使用动态监测措施的落实评估、海洋环境影响跟踪监测措施的落实评估、围填海环境管理措施的落实评估、围填海竣工验收措施的落实评估、围填海环境准入门槛的制定落实评估等方面。

围填海工程实施过程中海域使用动态监测措施的落实评估方法。围填海工程实施过程中全程进行了海域使用动态监测工作，编制了海域使用动态监测评估报告，赋值 1.00；没有开展海域使用动态监测工作，赋值 0；只开展了半程海域使用动态监测工作，赋值 0.50。

围填海工程实施过程中海洋环境影响跟踪监测措施的落实评估方法。围填海工程实施过程中全程开展了海洋环境影响跟踪监测工作，编制了海洋环境影响跟踪监测评估报告，赋值 1.00；没有开展海洋环境影响跟踪监测评估工作，赋值 0；只开展了半程海洋环境影响跟踪监测工作，赋值 0.50。

围填海工程环境管理措施的落实评估方法。依据围填海项目和区域建设用海规划海域使用论证报告和海洋环境影响评价报告中提出的围填海环境管理措施，制定了环境管理预案并按照预案执行了围填海环境管理措施，未出现环境问题的，赋值 1.00；没有制定环境管理预案，没有落实论证报告中的围填海环境管理措施，出现环境问题的，赋值 0；制定了环境管理预案，按照预案执行了围填海环境管理措施，但由于执行不严格出现了环境问题的，赋值 0.50；制定了部分围填海环境管理预案，按照预案执行了围填海环境管理措施，未出现环境问题的，赋值 $1/n$，n 为论证报告中提出的环境管理应对措施量。

围填海工程竣工验收措施的落实评估方法。围填海工程开展了竣工验收工作，编制了竣工验收报告，赋值 1.00；没有开展围填海工程竣工验收工作，赋值 0。

围填海项目，环境准入门槛落实评估方法。制定了较高的环境准入门槛，并严格限制了入驻企业的环境准入要求，没有产生海洋环境污染问题的，赋值 1.00；虽然制定了较高的环境准入门槛，没有严格限制入驻企业的环境准入要求，产生轻度海洋环境污染问题的，赋值 0.80；虽然制定了较高的环境准入门槛，但没有严格限制入驻企业的环境准入要求，产生较严重的海洋环境污染问题的，赋值 0.60；没有制定环境准入门槛，没有限制入驻企业的环境准入要求，产生轻度海洋环境污染问题的，赋值 0.40；没有制定环境准入门槛，没有限制入驻企业的环境准入要求，产生严重的海洋环境污染问题的，赋值 0.20；没有制定环境准入门槛，没有限制入驻企业的环境准入要求，产生恶劣的海洋环境污染事件的，赋值 0（见表7-4）。

表 7-4　围填海工程实施管理措施落实评估

管理措施	落实状况	赋值	权重
海域使用动态监测	开展了海域使用动态监测	1.00	0.20
	开展了半程海域使用动态监测工作	0.50	
	没有开展海域使用动态监测工作	0	
海洋环境影响跟踪监测	开展了海洋环境影响跟踪监测工作	1.00	0.20
	开展了半程海洋环境影响跟踪监测工作	0.50	
	没有开展海洋环境影响跟踪监测工作	0	
环境管理措施	制定了环境管理预案并按照预案执行了围填海环境管理措施，未出现环境问题的	1.00	0.20
	制定并执行了环境管理预案，但由于执行不严格出现了环境问题的	0.50	
	制定并执行了部分环境管理预案，未出现环境问题的	$1/n$	
	没有制定环境管理预案，没有落实论证报告中的环境管理措施，出现环境问题的	0	
竣工验收	开展了围填海工程竣工验收工作，编制了竣工验收报告	1.00	0.20
	没有开展围填海工程的竣工验收工作	0	

管理措施	落实状况	赋值	权重
环境准入门槛	制定了较高的环境准入门槛，并严格限制了入驻企业的环境准入要求，没有产生海洋环境污染问题	1.00	0.20
	制定了较高的环境准入门槛，没有严格限制入驻企业的环境准入要求，产生轻度海洋环境污染问题	0.80	
	制定了较高的环境准入门槛，没有严格限制入驻企业的环境准入要求，产生较严重的海洋环境污染问题	0.60	
	没有制定的环境准入门槛，没有限制入驻企业的环境准入要求，产生轻度海洋环境污染问题	0.40	
	没有制定环境准入门槛，没有限制入驻企业的环境准入要求，产生严重的海洋环境污染问题	0.20	
	没有制定环境准入门槛，没有限制入驻企业的环境准入要求，产生恶劣的海洋环境污染事件	0	

第三节　围填海环境影响跟踪监测评估方法

由于围填海工程可能对海洋水动力与冲淤环境、海洋生态环境、渔业资源环境等海洋环境造成较大影响。为了及时发现并消除围填海项目施工过程中对海洋环境的较大影响，一些海洋行政主管部门要求围填海项目施工过程中要同时开始围填海环境影响跟踪监测工作。如何开展围填海项目施工期海洋环境影响跟踪监测评估工作，一直没有系统规范的方法。为此，本节就围填海环境影响跟踪监测评估方法开展了探索性研究。

一、围填海环境影响跟踪监测评估技术框架

根据围填海环境影响特点及围填海环境影响管理要求，采用层次分析法构建围填海环境影响跟踪监测评估体系框架。围填海环境影响跟踪监测评估框架包括目标层、准则层、因素层和指标层4个层次。

（一）目标层

目标层为围填海环境影响的综合监测评估结果，是一个围填海环境影响的综合评估指数。它是围填海环境影响跟踪监测评估指标体系的最高层，反映围填海环境影响的综合结果。目标层是准则层、因素层和具体的指标层的概括，通过系统分析方法，对3个准则层的综合评估可获得围填海环境影响跟踪监测评估的综合指数值，根据其数值的大小，可划分为一定的评估效果等级。

（二）准则层

准则层是对目标层的进一步说明。围填海环境影响跟踪监测评估体系的准则层包

括围填海的海洋水动力冲淤环境影响跟踪监测评估指标体系、围填海的海洋生物群落影响跟踪监测评估指标体系、围填海的滨海湿地生境影响跟踪监测评估指标体系3个方面。

（三）因素层

因素层是连接准则层和指标层的桥梁，是对目标层含义和范围的进一步明确和清晰，也是对下设指标层内容的综合。围填海的海洋水动力冲淤环境影响跟踪监测评估指标体系包括海洋水动力监测指标和海岸冲淤环境监测指标。围填海的海洋生物群落影响跟踪监测评估指标体系包括潮间带生物群落监测指标、底栖生物群落监测指标和游泳动物群落监测指标。围填海的滨海湿地生境影响跟踪监测评估指标体系包括滨海湿地生境完整性监测指标、滨海湿地景观多样性监测指标和滨海湿地生境质量监测指标。

（四）指标层

指标层是指定义清晰，可通过直接计算或从统计资料中获得的指标变量。指标层是构成围填海环境影响跟踪监测评估指标体系的最基本元素。指标层中具体指标的确定要根据评估目的和指标选取原则，基于国内外现有指标体系和现阶段指标的监测能力基础，并结合专家咨询等方法确定具体指标。围填海的海洋水动力冲淤环境影响跟踪监测评估指标包括纳潮量、水体交换周期、涨潮流速、落潮流速、沿岸流流速、海岸侵蚀速度、海岸侵蚀厚度、海岸淤积量；围填海的海洋生物群落影响跟踪监测评估指标包括生物多样性指数、群落密度、物种优势度指数、物种丰富度指数、群落生物量；围填海的滨海湿地生境影响跟踪监测评估指标包括滨海湿地面积变化指数、滨海湿地自然度指数、滨海湿地景观多样性指数、滨海湿地景观破碎化指数、滨海湿地底质环境质量指数。具体的围填海环境影响跟踪监测指标体系框架见图7-2。

二、围填海环境影响跟踪监测评估技术方法

（一）水动力冲淤环境跟踪监控指标

大规模围填海活动对水动力冲淤环境影响不仅改变海洋水文动力过程，而且也改变海水和沉积物的相互作用过程，具有很好的代表性。海洋水动力冲淤环境动态监控

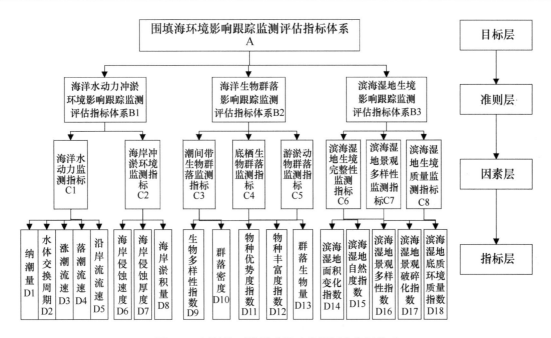

图 7-2 围填海环境影响跟踪监测评价指标体系

站点布设沿主流向向两侧各延伸 5 km，垂直主流向向两侧各延伸 2 km；水文观测站位布设原则上不少于 3 个，围填海工程区及其上、下游各布设 1 个。监测周期为：围填海工程施工后每 6 个月监测 1 次，原则上安排在丰水期或枯水期的大潮期进行。用海面积大于 50 hm² 的围填海工程，在施工期应进行水文泥沙监测；小于 50 hm² 的围填海工程依据海域自然环境特点及填海形态等确定是否开展监测。

对于悬浮泥沙的监控，围填海工程围堰悬浮物扩散、疏浚和采取吹填方式施工溢流口悬浮物扩散需要开展悬浮泥沙动态监控。监控范围应不小于原海域使用论证时分析预测的影响范围。监测周期：围堰施工、疏浚施工过程中每月 1 次。采取吹填方式施工溢流口悬浮物扩散监测每 2 个月 1 次。

水动力冲淤环境指标评价标准如表 7-5 所示。

表 7-5 水动力冲淤环境影响评价指标与标准

指标	标准	说明	评价指数
	2%		0.54
水动力冲淤环境指标减少（≤）	5%	可依据海区生态环境敏感特征及环境容量的大小，适当浮动调整	0.27
	8%		0.15

（二）生物群落监控指标

围填海对海洋生物群落的影响主要包括群落密度、生物量、生物多样性，优势度等。为便于指标对比，选择以生物量的损失率和生物物种数量及优势种种群数量为监控指标，对围填海涉及影响到的生态敏感区，包括国家级保护生物红树林、海草、珊瑚礁分布区以及重要物种的产卵场、育幼区、重要生态类型等设定生态敏感指数。海洋生物群落监控技术方法参考《海洋调查规范》第六部分海洋生物调查、《海洋调查规范》第九部分海洋生态调查规范、《海洋监测规范》第七部分近岸海洋污染生态调查和生物监测，调查范围参照围填海海域使用论证范围，调查频次为每年春（5 月）、秋（8 月）2 个航次。生态评价指标与标准见表 7-6。

表 7-6　生态评价指标与标准

指 标	标 准	计算方法及说明	评价指数
生物量损失率 （%）	≤2	按围填海造成底栖生物量损失占整个海湾底栖生物量的比例计算	0.75
	≤5		0.39
	≤10		0.21
生物 多样性指数	≤1	采用 Shannon-Wiever 指数，按海区内最高站位计算	0.75
	>1		0.39
	>2		0.21
物种优势度指数	优势种消失		0.75
	≤1		0.39
			0.21
	>2		0.75
			0.39
	≤1		0.21

（三）湿地监控指标

围填海对滨海湿地造成的影响主要表现在对滨海湿地的占用和破坏，导致滨海湿地面积萎缩、斑块破碎、类型单一、人工化加剧，为表征围填海对滨海湿地的影响，本书主要采用景观多样性指数、景观破碎化指数、滨海湿地自然度指数、滨海湿地面积变化指数和滨海湿地底质环境质量指数来评估围填海对滨海湿地造成的影响。以上主要指标计算方法如下。

（1）湿地斑块形状破碎化指数

$$FS = 1 - 1/ASI \tag{7-1}$$

$$ASI = \sum_{i=1}^{N} A(i)SI(i)/A \tag{7-2}$$

$$SI(i) = P(i)/\left[4\sqrt{A(i)}\right] \tag{7-3}$$

$$A = \sum_{i=1}^{N} A(i) \tag{7-4}$$

式中：FS 是某一湿地类型的斑块形状破碎化指数；ASI 是用面积加权的湿地斑块平均形状指数；$SI(i)$ 是湿地斑块 i 的形状指数；$P(i)$ 是湿地斑块 i 的周长；$A(i)$ 是湿地斑块 i 的面积；A 是该湿地类型的总面积；N 是该湿地类型的斑块数。

（2）湿地自然度指数。湿地自然度是滨海湿地与原生湿地相比的自然程度，其计算公式为

$$W_i = \frac{\sum_{i=1}^{n} A(i)}{\sum_{i=1}^{n} A_0(i)} \tag{7-5}$$

式中：W_i 为第 i 类滨海湿地的自然度指数；$A(i)$ 为第 i 类滨海湿地类型的总面积；$A_0(i)$ 为第 i 类滨海湿地的原生面积。

（3）景观多样性指数。滨海湿地景观多样性指滨海湿地范围内各类湿地类型在面积组成上的复杂性。可用景观多样性指数表示

$$HYDI = - \sum_{i=1}^{m} \left[P_i \ln(P_i)\right] \tag{7-6}$$

即每一类湿地类型占滨海湿地总面积的比例乘以其对数，然后求和，最后取对数。式中：P_i 为第 i 类湿地类型占总湿地面积的比例；m 为湿地类型总数量。$HYDI$ 取值范围，$HYDI \geqslant 0$，无上限。

以上指标的标准化赋值见表7-7。

表7-7　湿地评价指标与标准

指标	阈值范围	标准化赋值	指标含义
景观多样性指数	≥1.50	0.80	围填海极大提高了滨海湿地景观多样性
	1.50~1.0	0.50	围填海提高了滨海湿地景观多样性
	<0.80	0.20	围填海降低了滨海湿地景观多样性
景观破碎化指数	<1.00	0.80	围填海改善了滨海湿地景观破碎化
	1.20~1.00	0.60	围填海对滨海湿地景观破碎化影响不大
	≥1.20	0.20	围填海加剧了滨海湿地景观破碎化

指标	阈值范围	标准化赋值	指标含义
湿地自然度指数	≥1.20	0.80	围填海明显增加了自然湿地面积
	1.20~0.80	0.60	围填海对自然湿地影响不大
	<0.80	0.20	围填海明显减少了自然湿地面积
湿地面积变化指数	≥0.70	0.80	围填海导致湿地面积萎缩较小
	0.40~0.70	0.50	围填海导致湿地面积萎缩较大
	<0.40	0.20	围填海导致湿地面积萎缩极大
湿地底质环境质量指数	≥0.80	1.0	围填海对湿地底质环境质量影响较小
	0.30~0.80	0.60	围填海对湿地底质环境质量影响较大
	<0.30	0.20	围填海对湿地底质环境质量影响极大

三、围填海环境影响跟踪监测评估模型

依据图 7-2，按下式计算围填海环境影响跟踪监测评估综合指标

$$E_{recl} = H + C + E \tag{7-7}$$

式中：E_{recl} 为围填海的环境影响跟踪监测评估综合指标；H 为围填海的海洋水动力冲淤环境影响跟踪监测评估指标；C 为围填海的海洋生物群落影响跟踪监测评估指标；E 为围填海的滨海湿地生境影响跟踪监测评估指标。

综合评价指标 E_{recl} 范围为 0~1.00。当 $E_{recl} \geq 0.75$ 时，表明围填海项目的海洋环境影响严重，为 Ⅲ 级；当 $0.75 > E_{recl} \geq 0.55$ 时，表明围填海项目存在一定的海洋环境影响，为 Ⅱ 级；当 $E_{recl} < 0.55$ 时，表明围填海项目的海洋环境影响轻微，为 Ⅰ 级。

围填海的海洋水动力冲淤环境影响跟踪监测评估指数计算如下：

$$H = \sum_{k=1}^{6} w_k \sum_{j=1}^{n} q_j \sum_{i=1}^{m} p_i G_i \tag{7-8}$$

式中：H 为围填海的海洋水动力冲淤环境影响跟踪监测评估指数；w_k 为第 k 个评价准则的权重；q_j 为第 j 个评价因素的权重；p_i 为第 i 个评价指标的权重；G_i 为第 i 个评价指标的标准化评估数值。以上各层次各指标的权重见表 7-8。

围填海的海洋生物群落影响跟踪监测评估指数计算如下：

$$C = \sum_{k=1}^{2} r_k \sum_{j=1}^{n} l_j \sum_{i=1}^{m} z_i G_i \tag{7-9}$$

式中：C 为围填海的海洋生物群落影响跟踪监测评估指数；r_k 为第 k 个评价准则的权重；l_j 为第 j 个评价因素的权重；z_i 为第 i 个评价指标的标准化评价数值。以上各层次各指标的权重见表 7-8。

围填海的滨海湿地生境影响跟踪监测评估指数计算方法如下：

$$E = \sum_{k=1}^{2} a_k \sum_{j=1}^{n} b_i \sum_{i=1}^{m} d_i G_i \qquad (7\text{-}10)$$

式中：E 为围填海的滨海湿地生境影响跟踪监测评估指数；a_k 为第 k 个评价准则的权重；b_j 为第 j 个评价因素的权重；d_i 为第 i 个评价指标的权重；G_i 为第 i 个评价指标的标准化评价数值。以上各层次各指标的权重见表 7-8。

表 7-8　围填海的环境影响评估指标体系权重

目标层	因素层	权重	指标层	权重	备注
围填海的海洋生态环境影响跟踪监测评价指标体系 A	围填海的海洋水动力冲淤环境影响跟踪监测评估指标 B1	海洋水动力监测指标 C1	0.574 2	纳潮量指数 D1	0.218 8	
			水体交换周期指数 D2	0.226 5	
			涨潮流速 D3	0.181 2	
			落潮流速 D4	0.215 7	
			沿岸流流速 D5	0.157 8	
		海洋冲淤环境监测指标 C2	0.425 8	海岸侵蚀速度 D6	0.346 9	
			海岸侵蚀厚度 D7	0.215 7	
			海岸淤积量 D8	0.437 4	
	围填海的海洋生物群落影响跟踪监测评估指标 B2	潮间带生物群落监测指标 C3	0.276 0	生物多样性指数 D9	0.221 7	
			群落密度 D10	0.190 2	
			物种优势度指数 D11	0.205 8	
			物种丰富度指数 D12	0.197 2	
			群落生物量 D13	0.185 1	
		底栖动物群落监测指标 C4	0.386 2	群落密度 D14	0.190 2	
			生物多样性指数 D15	0.221 7	
			物种丰富度指数 D16	0.197 2	
			物种优势度指数	0.205 8	
			群落生物量	0.185 1	
		游泳动物群落监测指标 C5	0.337 8	群落密度 D17	0.190 2	
			生物多样性指数 D18	0.221 7	
			物种丰富度指数 D19	0.197 2	
			物种优势度指数	0.205 8	
			群落生物量	0.185 1	
	围填海的滨海湿地影响跟踪监测评估指标 B3	滨海湿地生境完整性监测指标 C6	0.317 2	滨海湿地面积变化指数 D20	0.491 1	
			滨海湿地自然度指数 D21	0.508 9	
		滨海湿地景观多样性监测指标 C7	0.289 5	滨海湿地景观多样性指数 D22	0.557 3	
			滨海湿地景观破碎化指数 D23	0.442 7	
		滨海湿地生境质量监测指标 C8	0.393 3	滨海湿地底质环境质量指数	1.00	

第八章

围填海竣工验收技术

第一节　围填海竣工验收概述

围填海海域使用竣工验收是指围填海工程竣工后，海洋行政主管部门对海域使用权人实际围填海界址和面积、执行国家有关技术标准规范、落实海域使用管理要求等事项进行的全面检查验收。围填海竣工验收是围填海区域由海域转变为陆地，向土地行政主管部门申请换发土地使用权证书前的一个法定程序，是海洋行政主管部门对围填海活动进行监督管理的重要环节，在国家海域与土地管理体系中具有重要的地位。

根据《中华人民共和国海域使用管理法》第三十二条规定："填海项目竣工后形成的土地属于国家所有，海域使用权人应当自填海项目竣工之日起3个月内，凭海域使用权证书，向县级以上人民政府土地行政主管部门提出土地登记申请，由县级以上人民政府登记造册换发国有土地使用权证书，确认土地使用权"。为履行海域使用管理法、规范围填海项目竣工验收工作，国家海洋局先后颁布了《海域使用面积测量规范》《海域使用权登记办法》《填海项目竣工海域使用验收管理办法》等一系列配套法规文件及规范，建立了较为完善的围填海竣工验收管理技术体系。

围填海项目竣工验收管理工作实行"分级负责、属地管理"，国家海洋局负责全国围填海项目竣工验收工作的监督管理工作，并负责组织实施国务院审批的围填海项目竣工验收工作。省、自治区、直辖市海洋行政主管部门负责本省、自治区、直辖市人民政府审批的围填海项目竣工验收工作。国家海洋局和省级海洋行政主管部门作为围填海项目竣工验收组织单位，依据围填海项目海域使用权批复文件、《中华人民共和国海域使用管理法》《海域使用权管理规定》《海籍调查规范》等相关文件、法律、法规、技术规范对围填海项目竣工后海域使用状况进行验收审查。

围填海项目竣工验收工作主要程序包括：申请围填海项目竣工海域使用验收、围填海项目竣工海域使用验收申请材料初审、围填海项目竣工海域使用验收测量、下达围填海项目竣工海域使用验收通知书、围填海项目竣工海域使用现场检查、围填海项目竣工海域使用验收会议。具体的围填海项目竣工海域使用验收工作程序见图8-1。

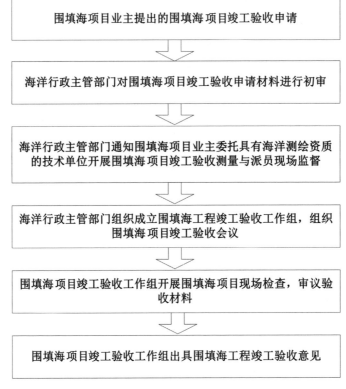

图 8-1　围填海项目竣工海域使用验收工作程序

一、围填海项目竣工海域使用验收申请

围填海海域使用权人在围填海项目工程竣工后 30 日内，向批复本围填海项目的海洋行政主管部门，也就是本围填海项目竣工海域使用验收的组织单位申请开展围填海项目竣工海域使用验收工作。申请开展围填海项目竣工海域使用验收工作时需要提交的材料包括：①围填海项目竣工海域使用验收申请；②围填海项目施工过程海域使用动态监测报告；③围填海项目设计、施工、监理报告；④围填海项目竣工后的工程平面布置图；⑤围填海项目海域使用权证书及海域使用金缴纳凭证复印件；⑥利益相关者解决方案的落实情况报告；⑦其他需要提供的文件、资料。

二、围填海项目竣工海域使用验收申请材料初审

围填海项目竣工海域使用验收组织单位在收到围填海项目海域使用权人提交的围填海项目竣工海域使用验收申请材料后，对验收申请材料进行初审，主要审查提交的验收材料是否完备、各项验收材料是否符合验收工作的技术要求等。初审过程中如果

发现验收材料不符合验收工作的相关要求，应及时通知围填海项目海域使用权人完善申请材料。

三、围填海项目竣工海域使用验收测量

围填海项目竣工海域使用验收组织单位受理符合要求的竣工验收申请材料后5日内，向围填海项目海域使用权人书面下达开展围填海项目竣工海域使用验收测量工作的通知。围填海项目海域使用权人接到开展围填海项目竣工海域使用验收测量工作通知后，委托竣工验收组织单位认可的、具有海洋测绘资质的技术单位开展围填海项目竣工海域使用验收现场测量工作，并编制验收现场测量报告。承担验收现场测量工作的技术单位在进行验收现场测量时，通知竣工验收组织单位派人员现场监督、见证，以保证验收现场测量工作的准确性。条件许可的验收组织单位可指派省级海域使用动态监管中心测量专家对围填海项目海域使用的主要拐点坐标进行现场校验。

四、下达围填海项目竣工海域使用验收通知书

围填海项目海域使用权人委托技术单位完成围填海项目竣工验收现场测量与报告编制工作，并提交到围填海项目竣工海域使用验收组织单位。围填海项目竣工验收组织单位对竣工验收现场测量报告进行审查，符合相关技术要求后，下达围填海项目竣工海域使用验收通知书。一些围填海项目竣工验收组织单位为了详细审查围填海项目实际使用海域情况，增加了县市级海洋主管部门审查环节，由市县海洋行政主管部门审查材料并核实情况，对符合要求申请材料的出具审查意见，然后上报省级海洋行政主管部门。

五、围填海项目竣工海域使用现场检查

围填海项目项目竣工海域使用验收组织单位组织项目所在省（自治区、直辖市）及市（县）海洋、国土、水利、环保等有关行政主管部门和与本围填海项目无利害关系的测量专家成立验收工作组。验收工作组的主要工作任务包括：审议验收现场测量单位提交的验收测量报告、审查围填海项目海域使用动态监测报告、检查国家和行业有关技术标准（规范）的执行情况、对竣工验收中的主要问题作出处理决定或提出解决意见。验收工作组通过现场检查，听取海域使用权人、施工、设计、监理、验

收测量、海域动态监测等单位的报告，开展质询和查阅资料等方式进行验收。验收工作组通过验收研究形成验收意见，并由验收组长签名盖章。

自 2007 年《填海项目竣工海域使用验收管理办法》实施以来，全国各级海洋行政主管部门组织开展了 800 多项围填海项目竣工海域使用验收工作，有效规范了全国围填海项目竣工海域使用验收工作秩序，加强了围填海项目的监督管理。但随着越来越多的围填海项目进入竣工验收阶段，围填海项目竣工验收工作的实施、评审和管理工作中不可避免地会出现许多新问题。

第二节　围填海竣工验收测量方法

围填海项目竣工验收测量包括围填海项目竣工验收界址界定与测量和围填海项目竣工验收面积量算。围填海项目竣工验收界址界定与测量又包括一般围填海项目竣工验收边界线的界定与测量、"内陆型"围填海项目竣工验收边界线的界定与测量和围填海项目竣工验收测量成陆范围的界定。围填海项目竣工验收面积量算又包括围填海项目实测面积量算和围填海项目实际面积确认。

一、围填海项目竣工验收界址界定与测量

（一）一般围填海项目竣工验收边界线的界定与测量

《海籍调查规范》中"填海造地用海"用海范围界定为："内界址线为围海造地前的海岸线或人工岸的连线；外界址线、侧界址线为水中以围堰、堤坝基床或回填物倾埋水下的外缘线（坡角线）"。出于防潮防浪的需要，多数围填海项目都修筑有护岸，护岸结构形式一般可分为直立式、阶梯式及斜坡式。对于直立式围填海项目，其坡顶线和坡脚线在同一个垂面上，在竣工验收测量时，内界址线一般采用围填海项目用海批复中经批准的原始海岸线。2008 年以后进行的验收测量，海岸线一般采用法定海岸线资料。外界址线、侧界址线为护岸的坡脚线，一般采用实时动态差分测量技术，又称 RTK（Real Time Kinematic）技术测量护岸坡脚线。通过围填海项目的内界址线、外界址线、侧界址线可界定围填海项目实际界址范围，量算围填海项目的实际围填海域面积（见图 8-2）。

对于阶梯式和斜坡式护岸的围填海项目，由于坡顶线与坡脚线不在一个垂面上，围填海项目的外界址线、侧界址线为护岸的水下坡脚线。在验收测量时，斜坡式护岸

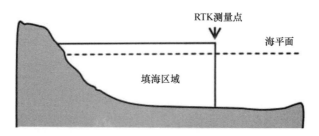

图 8-2　直立式护岸围填海项目界址界定与测量

的水下坡脚线采用侧扫声呐对堤坝水下部分进行测绘，通过侧扫声呐声图上产生清晰的坡面反射图像，结合项目施工设计资料，合理准确判定坡脚线位置，确定围填海区域外边界（见图 8-3）。

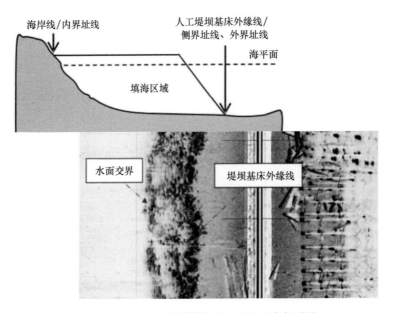

图 8-3　斜坡式护岸围填海项目界址界定与测量

（二）"内陆型"围填海项目竣工验收测量边界线的界定与测量

区域建设用海规划范围内的"内陆型"围填海项目，项目四周均已填筑成陆地，原批复文件中的边界已消失，传统测量方法不再适用。这时应根据实际情况，对围填海区域的内侧边界采用项目用海批复中经批准的原始海岸线；而对围填海的外界址线、侧界址线则采用施工单位放样的原批复界址点连线，并由验收测量单位进行测量确认。测量确认无误，可认为围填海位置、面积符合批复要求，采用批复界址点作为验收实测界址点。通常以放样点与检测点校差在 5 cm 以内为符合批复要求。

（三）围填海项目竣工验收测量成陆范围的界定

围填海项目竣工海域使用验收测量是土地行政主管部门核准土地面积的依据，因此在验收测量围填海范围的同时也要量测围填海区域的成陆面积。多数围填海项目建有阶梯式或斜坡式护岸，由于部分护岸淹没于海水之下，显然将这部分认定为土地是不合理的，而实际上国土部门在换发土地使用证时也往往只界定至坡顶线。因此，测量单位在测量护岸坡脚线确定填海外缘线的同时，还需测量护岸的坡顶线，并将成陆边界及面积反映在测量报告及附图中。

二、围填海项目竣工验收面积量算

（一）围填海项目实测面积量算

围填海项目实测面积量算是验收测量数据分析的核心工作，它直接关系到海域使用权人换领土地使用证的土地面积。在上述围填海项目内界址线、外界址线和侧界址线界定测量的基础上，将围填海项目的所有界址数据拼合到一起，形成一个封闭的用海单元，组成完整的围填海项目界址范围。根据围填海项目各界址点的平面直角坐标 x_i，y_i（i 为界址点序号），用坐标解析法，通过手工或计算机图形处理系统计算面积 S 如下

$$S = \frac{1}{2}\left[x_1(y_2 - y_n) + x_2(y_3 - y_1) + \cdots + x_{n-1}(y_n - y_{n-2}) + x_n(y_1 - y_{n-1}) \right] 或$$

$$S = \frac{1}{2}\left[y_1(x_2 - x_n) + y_2(x_3 - x_1) + \cdots + y_{n-1}(x_n - x_{n-2}) + y_n(x_1 - x_{n-1}) \right]$$

$$(8-1)$$

在围填海项目实际面积量算过程中，侧扫声呐解析的界址点数据可能会达到数百个，在计算围填海项目面积时需要使用这些坐标，但是在记录表达时，将在维持面积不变的情况下精简坐标点个数到适量的数值以方便记录表达。使用精简后的界址点坐标绘制围填海实际界址图，在图中标明围填海海域使用单位、批准围填海造地面积、实际围填海造地面积、实际围填海造地界址点坐标（内界址点、侧外界址点）、坐标系和投影参数、测量单位、测绘资质及绘图审核人员等信息。

目前，公认的实测面积的计算方法为"实测面积＝批复面积＋超填面积－未填面积"。可见，实测面积由"批复面积"、"超填面积"和"未填面积"所决定，其中

141

任何一项有误都会造成实测面积的计算偏差。超填面积，是指实测界址线在批复界址线以外，两者所围成的面积；未填面积，是指实测界址线在批复界址线范围以内，两者所围成的面积。在计算超填面积和未填面积时，测量单位只能将实测界址线与核算批复界址线进行比对。因此为保证数据的一致性，在实测面积计算时，采用核算批复面积看似是一个不错的选择，但如果围填海造地区域的海域使用权证上的批复面积与核算面积存在差异，就会影响实测面积量算的准确性。若采用海域使用权证书上的批复面积进行计算，其实测面积也必然与实测界址点围成的面积不符。此外，由于宗海面积数据均保留 4 位小数，单位为 hm^2，即精度为 $1\ m^2$，在超填面积和未填面积计算中，数据的四舍五入也会造一定的面积计算误差。

(二) 围填海项目实际面积确认

围填海项目竣工海域验收测量的目的是通过对实际围填海边界进行测量，将实测范围面积与海域使用权证上批复的范围面积进行比对，从而确认围填海位置及面积与围填海项目批复的海域使用位置及面积是否相符。在围填海项目竣工验收面积量算时，通常会出现核算面积与批复面积不符的情况。出现这种情况的原因主要有以下 3 类。

第一类，主要由于原批复界址点的坐标系或投影带与验收测量的成图坐标系及投影带不符，造成面积差异；大地坐标与平面坐标之间的相互转换也是造成精度损失的重要原因；此外，批复界址点坐标的保留位数也影响着坐标精度，进而造成面积误差。在我国海域使用管理初期，海域使用管理相关技术规范及文件尚未颁布，测绘基准没有统一，从而导致当时批复的海域存在坐标系不同（以 1954 年北京坐标系为主），投影带不统一（以 3° 分带为主），界址点大地坐标保留小数位数不统一等问题，这与《海籍调查规范》中规定的采用 WGS-84 坐标系，0.5°分带不符。由于测量精度的提高，陆地作业精度均可达到厘米级，而海域测量界址点坐标小数一般保留 3 位，由此造成的面积差异非常普遍，属于误差范畴，很难避免，但造成的面积差异很小，通常在面积核算中采用原批复填海面积进行计算。

第二类，一些围填海项目有弧形界址边界，海域使用权证书中的批复面积为以弧形界址线为边界计算的面积，而在海域使用权证界址点坐标表中只选取弧上的折点为界址点，并未标明弧形界址线的圆心坐标及弧度。在验收测量单位核算批复面积时，只能通过海域使用权证书上的界址点连线核算批复面积，这样计算得出的是多边形界址面积而非弧形界址面积，其结果势必存在较大出入。在进行面积比对分析时，由于原批复弧形界址线变为折线，对超填、未填区域的面积核算也造成困扰。若采用原批复面积作为核算面积，那么就与超填、未填区域面积计算方法不统一，从而造成面积核算错误；若采用海域使用权证上界址点连成的多边形面积，则对于面积量算更不合理。因此，对于这种有弧形界址线的围填海区域，建议在海域使用权证中增加弧形界址线的数学参数。

第三类，批复面积与核算面积存在很大差异，属于面积核算错误。这类错误可能是由于海域使用权证填写错误所致。在确定界址点坐标无误而批复面积存在错误的情况下，建议上报相关部门，请上级部门指派相关测量人员重新核算批复面积。在重新核算并确定面积后，进行返还或补缴海域使用金。

第三节　围填海竣工验收测量与图件编绘技术

围填海项目竣工验收海域使用测量技术是一项技术精度要求很高的测绘技术，涉及围填海竣工验收海域使用测量仪器的选取、精度控制、宗海图编绘、面积量算等多个技术环节，本节主要就围填海竣工验收海域使用测量仪器的选取、精度控制和宗海图编绘进行探讨。

一、围填海项目竣工验收工作中的测量仪器

海籍测量主要采用的仪器为测距仪、经纬仪、全站仪和差分全球定位系统，由于围填海项目竣工验收测量需要准确获知实际的围填海面积，并且为后续的换发土地使用权证书服务，因此应严格要求测量精度。由于我国围填海项目大部分都在沿岸海域进行，目前应用较为广泛的测量仪器有信标差分 DGPS（RBN-DGPS）接收机或 RTK GPS。信标差分 DGPS 接收机是将 GPS 卫星定位系统与指向标系统结合在一起，GPS 基站实时计算卫星伪距差值（GPS 自身定位伪距值与已知伪距值的差量）借助于指向标系统的信号调制发送功能，调制成波载差分数据改正信号，在有效范围内实时、连续地发送。GPS 移动站将收到的差分改正量信号进行技术处理后，作为改正值加在 GPS 移动站本身测到的结果上，从而提高 GPS 移动站的定位精度。实时动态差分测量技术又称 RTK 技术，是实时处理两个观测站载波相位观测量的差分方法，即将基准站采集的载波相位发给用户接收机，进行求差解算坐标，定位精度可达到厘米级，大量应用于需要高精度动态定位的领域。

侧扫声呐主要通过侧扫声呐声图上产生清晰的坡面反射图像，来确定围填海防护堤坝坡脚线位置。以 EdgeTech4200 侧扫声呐为例，它使用 400 kHz 高频、100 m 量程扫描时，获取的侧扫声呐声图横向解析度为 2 cm。当使用 25 m 或 50 m 量程时，横向

解析度可以更精细。在精度相符性方面侧扫声呐声图解析度与 RTK 定位设备可以做到同一量级，侧扫声呐解析精度主要取决于资料后处理的技术手段。普通侧扫声呐解析仅靠量测纸图获取声图中目标物的位置坐标数据，精度不能保证，采用精度更高的数字化处理流程，可解决拖鱼位置精度和目标物位置判定的问题。首先是对侧扫声呐拖鱼后拖位置的校正，通过对匀速相反方向的两次测量中的目标物吻合度来校准拖鱼后拖长度。在围填海竣工验收时，一般拖缆后拖长度较小，甚至可以只放 3.0 ~ 5.0 m，通过校正可以准确消除后拖误差。然后是水体声速校正，侧扫声呐通过声波方式确定两侧扫侧的距离，1 500 m/s 与 1 530 m/s 的声速差值在距离上将产生 2% 的误差，在 25 m 量程中边缘波的定位误差将达到 0.5 m，要进行高精度解析，声速校正是不可或缺的。同样，经过声速校正后，数据将消除该项误差。经过后拖校正、声速校正后，在专业侧扫声呐后处理软件中进行全数字化的解析，避免了传统方式在纸质媒介解析后再手工数字化所产生的误差。

二、围填海项目竣工验收测量精度要求

根据《海籍调查规范》和《海域使用面积测量规范》测量精度要求，"海籍测量平面控制点的点位误差应不超过 ±5 cm。界址点精度：位于人工海岸、构筑物及其他固定标志物上的宗海界址点或标志点，其测量精度应优于 0.10 m；其他宗海图界址点或标志点测量精度所测海域离岸 20 km 以内，测量误差优于 ±1.0 m；所测海域离岸 20 ~ 50 km，测量误差优于 ±3.0 m；所测海域离岸 50 km 以外，测量误差优于 ±5.0 m"。由于围填海完成后均形成人工海岸，因此围填海项目竣工验收工作中宗海界址点测量精度应优于 0.10 m。

目前，有一些围填海项目竣工验收使用信标 DGPS 沿围填海陆域边缘进行测量，在信标 DGPS 系统覆盖范围之内，亚米级 GPS 接收机仅可实现精度优于（2RMS，置信度 95%）的差分定位。因此，使用信标 DGPS 进行验收测量精度较差，远不能达到围填海竣工验收测量精度的要求。从实际工作来看，界址点测量精度较差将导致较大的面积误差。因此海域使用单位在用海面积上也经常对测量结果提出异议。随着单基准站 RTK GPS、网络 RTK GPS（CORS）测量技术的使用，快速、便捷地获取高精度的测量界址点成为可能。因此，建议在围填海竣工验收测量中，应优先选择单基准站 RTK GPS、网络 RTK GPS（CORS）以及全站仪等测量仪器设备。

三、围填海项目竣工验收海域使用宗海图编绘方法

宗海为海域使用权属界址线所封闭的具有特定空间位置、使用用途、使用权归属的用海单元。宗海图是以宗海为单位编制的海籍图，是描述宗海空间位置、界址点（界址点坐标）、界址线、空间面积、用途、权属及相邻宗海之间关系的实地记录。宗海图是海域使用权证书和宗海档案的附图，它通过具有法律手续的海域使用登记过程的认可，是海域使用者持有的具有法律效力的图件凭证，是处理海域权属问题时具体法律效力的图件。

（一）宗海图的主要内容

宗海图要以最新的地形图或海图作为底图，也可以采用精度适当的最新遥感影像作为底图，底图的地形、地物取舍以能反映宗海的基本信息为原则。宗海图的主要内容如下。

（1）数学要素，数学要素是构成地图的数学基础，宗海图的数学要素包括：地图投影、比例尺、控制点、坐标系、高程基准等。这些内容是决定宗海图图幅范围、位置以及控制其他内容的基础，它保证地图的精确性，作为在图上量取点位、高程、长度、面积的可靠依据。

（2）地理要素，地理要素是地图上表示的具有地理位置、分布特点的自然现象和社会现象。因此，地理要素又可以划分为自然要素（如水文、地形、生物等）和社会要素（如行政边界、交通道路、人口分布等）。

（3）整饰要素，整饰要素主要指便于读图和用图的某些内容，如图名、图号、图例、地图资料说明以及图内各种文字、数字注记。

围填海项目宗海界址图是反映围填海项目具体用海的平面布置、宗海形状、界址点分布、权属范围及与相邻宗海位置关系的海域使用图件。围填海项目宗海界址图的主要内容如下。

（1）宗海界址信息，包含本宗海及内部单元的图斑、界址线和界址点及其编号，界址点编号采用阿拉伯数字以逆时针为序，从1开始连续顺编。不同用海方式的内部单元图斑绘制的图示图案应不同。

（2）周边相关宗海，包括周边相邻（相近）宗海图斑、界址线、界址点及项目名称（含业主姓名或单位名称）等信息及其标注。

（3）相关要素，以反映毗邻陆域与海域要素（海岸线、等深线、地名、明显标志物等），邻近海域相关用海方案或已有用海设施、构筑物。

（4）界址点列表，包括界址点编号及坐标列表，界址点坐标采用大地坐标，单位采用度、分、秒格式，秒后保留 2 位小数，界址点编号与图中编号对应，顺序列表。

（5）宗海内部单元、界址线与面积列表。宗海内部单元按具体用海方式填写，界址线采用连接界址线的界址点加"-"表示，界址点首、尾相同，面积单位为 hm^2，小数点后保留 4 位。内部单元与"宗海及内部单元记录表"中的内部单元名称一致。

（6）图名、坐标系、比例尺，投影参数、指北针、绘图日期、测量单位、绘图单位、测量人、绘图人、审核人等。宗海界址图比例尺可设定为 1∶5 000 或更大，以能清晰反映宗海的形状及界址点分布为宜。

对于比较复杂或所占用海域跨度较大的用海类型，为同时反映宗海的形状以及界址点分布情况，宗海界址图可采用分幅绘制，其中一幅用于反映宗海的整体分布情况，各组成部分可采用局部放大的方式分幅绘制。

（二）宗海图的绘制方法

宗海图以较高的几何精度描绘了不同用海方式和用海类型的海域使用分界线、分布特点、权属关系等。宗海图的绘制是海域使用管理的重要组成部分，其绘制工作必须满足以下要求：①宗海图绘制应该做到界址线走向清楚、坐标正确无误、面积准确、四至关系明确，各项注记正确齐全，比例尺适当。②从事宗海图制作的单位和人员应当持有海洋测绘资质证书和测绘工作证书。

宗海图编制以宗为单位，即一宗相对独立且封闭的相同类型海域作为一个海域使用权单位。同一项目具有两块相对独立且封闭的不同类型海域的，应当分别制作宗海图。宗海图绘制以全部宗海界址点的解析坐标为基础，通过计算机制图系统进行绘制，通常的宗海图绘制软件有 AutoCAD、ArcMap、ArcGIS 等。宗海图绘制应当准确反映项目用海的基本信息，包括以下要素。

（1）界址点。①界址点的选取和界定要符合《海籍调查规范（HY/T124—2009）》的要求；②界址点绘制以解析坐标为基础，通过计算机制图系统进行绘制；③界址点用黑色圆点表示；④界址点统一逆时针编号，从 1 开始，连续顺编，有围填海工程、构筑物的先编排围填海工程、构筑物界址点、后编排开放水域界址点等序号。

（2）界址线。①将宗海及内部单元的界址点，按照逆时针方向进行顺序连线，形成闭合的界址线，所形成的封闭区域应能够反映项目用海的属性和平面特征；②界址线绘制以解析坐标为基础，通过计算机制图系统进行绘制；③界址线采用红色实线绘制；④宗海界址图中应准确标注出界址线线段长度，标注出与周边不同用海属性和用海构筑物的安全距离。

（3）宗海面。宗海面按照不同的用海方式填充不同的色彩图斑。

（4）面积量算。项目用海面积是核准项目用海宗海图和海域使用权属的基础依据。围填海项目的用海面积测算要全面、准确，并按下列方法执行：①项目用海面积按照不同的用海方式，分别进行核算；②宗海面积采用解析法量算，如果能够通过测量获得以 m 为单位的每一个界址点的 x，y 坐标，则按照公式 $S = 1/2 \sum [x(y_i - y_j)]$ 计算，式中：S 为宗海面积，m^2；x_i、y_i 为第 i 个界址点横纵坐标，m。对于远离海岸线的宗海，不能获得以 m 为单位的每一个界址点 x、y 横纵坐标，可利用 GPS 测量记录界址点的经纬度坐标，经换算后计算宗海面积；③项目用海面积计算单位为平方米，结果取整数；转换为公顷时保留 4 位小数；④填海项目和具有斜坡结构的用海项目计算各个用海单元的用海面积和形成的陆域面积。

（三）宗海图绘制技术流程

1. 资料收集与处理

收集本宗海的使用现状资料或最终设计方案、相邻宗海的权属与界址资料以及所在海域的基础地理资料、最新遥感影像，为宗海图绘制提供基本数据与资料。①选取适合制图软件的数据格式，对于格式不同的数据，可统一转换成适合的格式；②目前宗海图绘制要求采用 CGCS2000 坐标系，对于不是 CGCS2000 坐标系的空间数据，需要统一转换成 CGCS2000 坐标系；③各类数据的图幅范围要满足将宗海界址范围置于图面中心时，四周的海域要素均匀分布。

2. 用海类型与方式确定

按照海域使用分类相关规定，确定宗海的海域使用一级和二级类型，判定宗海内部存在的用海方式。

3. 宗海界址范围确定

在宗海界址点精确测量的基础上，整理并读取各个界址点数据，顺序连接界址点绘制界址线，并综合考虑相邻宗海界址特征，以全部用海的最外围界线确定宗海的平面界址范围。

4. 宗海位置图绘制

根据宗海图的地理位置，以宗海界址范围图斑的形式绘制出宗海在图幅中的地理位置及其与重要地理信息的相对位置关系。

5. 宗海内部单元划分与面积测算

在宗海内部，按不同用海方式的用海范围划分内部单元，用海方式相同但范围不相接的海域应划分为不同的用海单元，并分别核算不同用海单元的用海面积。

6. 宗海界址图绘制

绘制本宗海具体的宗海形状、内部单元平面布置、界址点分布、界址范围、相邻宗海位置等，并根据宗海内部的用海方式，填充不同内部单元图斑。给出界址点坐标列表和内部单元、界址线与面积列表。

7. 图面整饰

在宗海位置图、宗海界址图绘制完备的基础上，添加图框、经纬网及宗海图文字信息，文字信息包括：投影、坐标系、中央经线、高程基准、坐标单位、比例尺、制图单位与人员等。开展界址点列表、宗海内部单元列表、图例、比例尺、坐标投影信息列表、图件制作单位与人员信息列表等的图面布置与图面整饰，使整个图幅看起来整齐、美观、简洁。

8. 质量检查

质量检查包括制图要素与内容的完备性检查，制图符号、色彩、形态的规范性检查，制图精度的精确度检查等。

9. 输出图件

可使用 AutoCAD 软件输出 bmp 格式文件，使用 Arcgis 软件输出 jpg 格式文件，如果需要较高分辨率及较好打印效果的图件，可直接使用制图软件打印。

第九章

围填海后评估方法

第一节　围填海后评估概述

围填海后评估是指围填海项目实施完成并正式投入生产运营一段时间以后，通过对该围填海项目实际发生的社会效益、经济效益和生态环境影响进行调查研究，并同该围填海项目的海域使用论证中的预测评估成果进行对比，复核该围填海项目对社会、经济和环境影响的实际发生情况和动工前的海域使用论证中预测结果的差异。一方面重新评估海域使用论证中的预测成果的合理性，另一方面对该围填海项目实施后的实际社会效益、经济效益和生态环境影响进行综合的评估，全面反映该围填海项目对海域的实际影响和补偿措施的有效性，分析项目实施前一系列预测和决策的准确性和合理性，发现出现的问题和误差的原因，从而提高相关企业和涉海管理部门的决策水平，为改进建设项目管理、环境保护管理、经济管理、社会管理提供科学依据。围填海后评估不仅是提高资金合理利用，投资效益及海洋管理和决策的一种技术手段，而且为相关政策的制定提供一定的依据。可见，围填海后评估就是对已实施的围填海项目在实际生产和运营中产生的社会影响、经济影响和环境影响以及外部情况变化等，进行分析、评估，找出问题，分析原因，总结经验、汲取教训，提出对策及建议提出对策及建议的一项综合性工作，目的是为加强围填海项目管理，提高项目的经济、社会和环境的整体综合效益，因此，围填海后评估体系可以看做是海域使用论证的延续，可有效维护脆弱的海岸带生态环境，是伴随着海洋经济可持续发展应运而生的一种必然产物，是保证海洋经济可持续发展的一种有效手段。

一、围填海后评估的目的

(一) 验证海域使用论证预测成果

围填海海域使用论证评估的成果是在围填海项目实施前，在调查研究和分析预测的基础上提出的，其项目决策是否正确，预测方法是否合理，数模和物模的应用是否正确，结论及预测是否正确，均需要在围填海项目的实际运营状况中进行检验。通过围填海后评估，将围填海项目实施后实际产生的社会效益、经济效益和环境影响与海域使用论证预测评估的成果相对照，以验证海域使用论证评估方法的合理性和评估结论的正确性。

（二）为进一步加强围填海管理提供科学依据

围填海项目实施完成并运营一段时间后，其所引起的社会效益、经济效益和环境影响将逐渐显现出来，围填海后评估可以通过调查围填海项目实施后社会、经济和环境的变化情况，分析其中的变化趋势，找出实际存在的有利影响和不利影响因素，提出进一步改进围填海管理的制度与政策措施，为进一步加强围填海的管理提供科学依据。

（三）为其他区域围填海项目设计和后评估提供借鉴

围填海项目一般为高投入、高风险、规模大、影响范围广、影响因子多的海洋开发利用活动，其对社会贡献，经济效益和环境影响预测评估比较困难。围填海后评估工作在我国起步较晚，后评估的理论和方法还很不完善，不少后评估还难以定量。通过围填海后评估，能够高度概括并归纳项目在技术、经济、环境、管理等方面的主要成功经验和值得重视和汲取的教训，可以探索海域使用论证评估的理论和方法，使预测方法更为合理，评估结果更加符合实际。围填海后评估成果，还可为同类项目的海域使用论证评估和围填海项目设计提供借鉴。

（四）为监测方案的调整和优化提供依据

围填海工程动态监测站网设计中，监测方案是根据原有的环境条件在预测评估的基础上制定的，与工程运行后的状况可能存在差异，工程投入生产运行后，自然环境条件和社会环境条件都在发生变化，需要根据新的环境状况对原来的监测站网设计进行检验。围填海后评估过程中，对工程投入生产运行后的社会贡献，经济效益和环境状况进行系统的调查研究，对影响因子做全面的了解，对监测数据进行系统分析，在此基础上，对该监测方案进行合理的调整和优化。

（五）为后期规划的审批提供依据

通过围填海后评估，综合检查评估围填海项目实施的功能定位、空间布局、平面设计与原规划的符合性；围填海项目实施的海域集约/节约状况，围填海项目实施的社会效益和经济效益；围填海项目实施的敏感环境目标的实际影响以及围填海项目实施的利益相关者处理情况。全面分析围填海项目实施的社会、经济、环境综合效益，为海域管理部门对后期规划的审批提供依据。

（六）促进海洋经济合理布局，强化海洋功能区划管理

围填海后评估不仅要成为海域使用论证的组成部分，而且要将其看做是围填海项目实施程序中的一个重要阶段，使其真正成为海洋资源使用管理制度的一个有机体。围填海后评估一方面可有效促进海洋经济的健康稳定可持续发展，推动海洋产业结构的不断完善，优化区域海洋经济布局；另一方面可强化海洋功能区划的实际效能，加强各用海单位的海洋环境保护意识，培养人民大众的海洋意识，使我国海洋产业经济不断持续健康发展。

二、开展围填海后评估的必要性

美国、澳大利亚和日本等发达国家对海洋资源的开发利用和保护相当重视，建立了一系列较为完备的法律、法规和制度，海域使用后评估即是由这些国家率先提出来的，并将海域使用后评估制度纳入海洋管理中，使之成为海洋管理的一个有机组成部分。近几年来，我国其他领域的后评估往往只重视社会效益和经济效益的后评估，对环境效益后评估研究得不够深入。然而国外的工程项目后评估自从 20 世纪 70 年代后就始终把环境保护、环境效益放在经济效益和社会效益的首位。没有环境效益，尤其对海洋环境可能带来污染的任何项目的立项都是不可能获得批准的，绝不能以牺牲环境为代价盲目追求一时的经济效益。这一点很值得我国在进行海洋工程项目后评估时借鉴，以便切实提高我国海洋工程项目的环境保护水平，实现海洋经济的可持续发展。随着《联合国海洋法公约》的生效和海洋世纪的到来，加强对我国管辖海域环境、资源和海域使用的监督管理工作和开展海域使用后评估工作，对合理开发利用海洋资源，保护和改善海洋环境，全面贯彻实施可持续发展战略具有重要意义。

新中国成立以来，我国实施大规模的围填海活动，围填海的社会经济效益成绩斐

然，海洋经济快速发展，但在围填海项目管理上还存在不少问题，尤其是已建设投产的围填海项目的动态监管较为松弛，导致了众多负面效应。围填海后评估工作应当作为围填海海域使用论证和围填海海洋环境影响评价的延伸与完善，通过重新评估已实施的围填海项目实际运营中产生的效益与影响，从中总结经验，汲取教训，以提高今后围填海项目的决策水平、管理水平、环境效益、社会效益和经济效益。在围填海项目完成后及运行中对环境、社会、经济的影响实施有效的监督和管理，对合理控制和使用海岸带资源，保护和改善海岸带环境，拓展生产力空间布局和增强经济发展后劲，促进经济社会近期和长远的发展有重大意义。

施行围填海后评估工作也与国家提出的海洋经济可持续发展目标和建设节约型社会的要求相一致。2006年11月1日施行的《防治海洋工程建设项目污染损害海洋环境管理条例》也为实施围填海后评估提供了一定的法律依据，其中第二十条明确提出：海洋工程在建设、运行过程中产生不符合经核准的环境影响报告书的情形的，建设单位应当自该情形出现之日起20个工作日内组织环境影响的后评估，根据后评估结论采取改进措施，并将后评估结论和采取的改进措施报原核准该工程环境影响报告书的海洋行政主管部门备案；原核准该工程环境影响报告书的海洋行政主管部门也可以责成建设单位进行环境影响的后评估，采取改进措施。作为一个海洋大国，我国的围填海后评估工作尚属空白，因此，我国的围填海后评估工作意义重大，任重而道远。

围填海后评估及其报告书的编制应由具有相应能力的独立咨询机构承担，并放弃原先参与海域使用论证评估的有关机构、组织及相关的专家评审组，对参与后评估论证的有关机构、组织实行资格考察，重新聘请新的有关专家组成专家评审组，以保证后评估过程的公正性、客观性和合理性。

第二节　围填海海洋环境影响后评估方法

围填海对海洋环境的影响，一般主要集中在围填海对海洋生物生态环境、海洋水动力冲淤环境、水体质量环境和沉积物质量环境 4 个方面的影响。海洋生物生态环境主要包括浮游植物、浮游动物、浅海底栖生物、潮间带生物及游泳动物 5 类生物群落，主要选取指标包括种类组成（包括种类数、各类群生物种类数占总种数的比例）、优势种（群）、生物量、密度、物种数量、多样性指数等；海洋水动力冲淤环境主要选取潮流流速、流向、潮差、纳潮量、冲淤深度、冲淤范围等指标；水体质量和沉积物质量主要对一些常见的污染物浓度进行分析评估。

一、围填海工程海洋环境影响后评估指标体系

本书在深入剖析围填海工程对海洋环境影响特征的基础上，海洋生物方面选取浮游植物、浮游动物、浅海底栖生物、潮间带生物及游泳动物 5 类生物群落，每类生物群落选取生物密度、生物种类个数、生物量/初级生产力、生物多样性指数 4 个指标，共 20 个评价指标；海洋水动力冲淤环境方面选取涨潮流速、落潮流速、大潮潮差和大潮纳潮量 4 个评价指标；水体质量方面选取活性磷酸盐、无机氮、石油类 3 个指标；沉积物质量方面选取硫化物 1 个评价指标。

层次分析法（Analytical Hierarchy Process，AHP）是美国运筹学家 Saaty T. L. 在 20 世纪 70 年代提出的，主要用于求解递阶多层次结构问题，是多指标综合评估的一种定量方法。层次分析法是将与决策有关的元素分解成目标、准则、方案等按支配关系组成递阶层次结构，通过每一层次各元素的两两比较，对其相对重要性作出判断，构造判断矩阵；通过计算确定决策方案相对重要性的总排序。近年来，层次分析法作为一种有效确定指标权重的方法，在许多方面得到了应用。围填海工程的海洋环境影

响后评估涉及海洋生态、海洋水动力、水体质量、沉积物质量等多个方面，目标层次多，结构复杂，采用常用的评估方面难以厘清各评估指标之间的内在关系，增加了评估过程的主观性。层次分析法则可以将围填海的海洋环境影响评估进行层次分解，分层次计算权重，最终将围填海的海洋环境影响多目标综合成一个终极影响评价数值，可作为围填海的海洋环境影响后评估的重要方法。

依据层次分析法的基本原理，将围填海的海洋环境影响后评估指标体系分为目标层、准则层、因素层和指标层 4 个层次。围填海工程的海洋环境影响后评估总目标为围填海工程海洋环境影响 A；准则层分为海洋生物 B1 和海洋环境 B2 两个部分；因素层包括浮游植物 C1、浮游动物 C2、底栖生物 C3、潮间带生物 C4、游泳动物 C5、水动力环境 C6、水质环境 C7 和沉积环境 C8 共 8 个部分；指标层包括海洋生物群落的生物密度、生物种类个数、生物量/初级生产力、生物多样性指数等 20 个指标；海洋水动力环境中的涨潮流速、落潮流速、大潮潮差、大潮纳潮量 4 个指标；水体环境质量的活性磷酸盐、无机氮、石油类 3 个指标；海洋沉积物环境质量中的硫化物 1 个指标。由此形成围填海工程的海洋环境影响后评估指标体系，见图 9-1。

通过采用上述层次分析法来确定围填海工程的海洋环境影响后评估各层次评估指标的权重，即依次构建每个层次各项指标的相对重要性程度判断矩阵，请有关专家依据各项指标相对重要性程度，对在同一层次上的各因素进行两两比较，按其优良程度或重要程度可以划分为若干等级，赋以定量值，采用 Saaty T. L. 的 1~9 标度法表示。通过求解最大特征值，计算出围填海的海洋环境影响后评估各层次指标的排序权重，并进行一致性检验。依据以上过程最后得到围填海的海洋环境影响后评估的指标体系权重，见图 9-2。

二、围填海工程海洋环境影响后评估标准

决定评估是否成功的关键是如何选择适宜的评估指标与评估标准。围填海工程海洋环境影响评估标准不仅涉及海洋环境状况自身，而且包括复杂的人类价值取向等方面，同时海洋生物群落又受温度、盐度等的影响较大，很难找到统一的评估标准，因此评估标准一直是评估的难点之一。综合现有的研究成果，根据国家所规定的相关法律法规、环境背景值、历史资料及与前人的研究成果相结合的方法来确定围填海工程的海洋环境影响回顾性评估标准值如下。

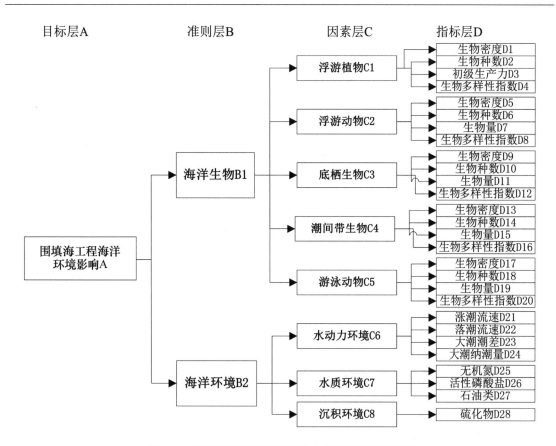

目标层A　　　　　　准则层B　　　　　　因素层C　　　　　　指标层D

图 9-1　围填海工程海洋环境影响的后评估指标体系

（一）海洋生物群落后评估标准

海洋生物群落包括浮游植物群落、浮游动物群落、底栖生物群落、潮间带生物群落和游泳动物群落，评估指标包括群落生物密度、物种数量、生物量/初级生产力以及生物多样性指数。根据海洋生物群落的结构功能特征，采用对比分析的方法将围填海后的生物生态评估指标与围填海前相应指标进行比较，其中生物密度、生物量、物种数量指标保持围填海前数量的 80% 以上，为影响轻微；保持围填海前数量的 60%～80%，为影响较大；保持围填海前数量的 60% 以下为影响严重。生物多样性指标评估标准的确定借鉴国内外相关学者在研究多样性指数与污染的关系来划分评价标准，当生物多样性指数小于等于 1 时，表明生物群落不稳定，围填海的生态影响较严重；当生物多样性指数大于 1 小于等于 3 时，表明生物群落较好，围填海的生态影响较轻；当多样性指数大于 3 时，表明生物群落稳定，围填海生态影响不明显或无干扰。底栖生物生物量参考《海湾围填海生态环境影响评价技术导则》中关于围填海对底栖生物影响标准的确定，认为当底栖生物生物量大于等于 $100\ \mathrm{g/m^2}$ 时，围填海工程对底栖

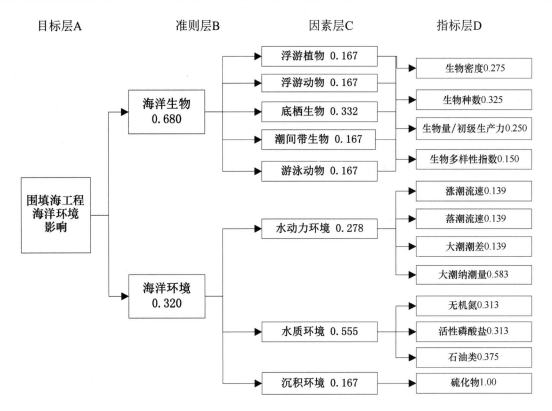

目标层A　　　　准则层B　　　　因素层C　　　　指标层D

图 9-2　围填海工程的海洋环境影响后评估指标权重

生物群落的影响轻微；当底栖生物生物量大于 20 g/m²，小于 100 g/m² 时，围填海工程对底栖生物群落影响较大；当底栖生物生物量小于等于 20 g/m² 时，围填海工程对底栖生物群落影响严重。初级生产力借鉴 1997 年国家海洋勘测专项之一"生物资源栖息环境调查与研究"中有关浮游植物初级生产力的评价标准，当初级生产力小于等于 200 mgC/（m²·d）时，围填海工程时对该海区初级生产力的影响轻微；当初级生产力大于 200 mgC/（m²·d），小于等于 300 mgC/（m²·d）时，围填海工程时对该海区初级生产力的影响较大；当初级生产力大于 300 mgC/（m²·d）时，围填海工程时对该海区初级生产力的影响严重。

（二）水体环境、沉积环境评估标准

水体环境和沉积环境各评估因子的评估标准参考国家《海水水质标准》（GB 3097—1997)、《海洋沉积物质量》（GB 18668—2002）进行确定，同时相应调整为 3 个评价等级，借鉴相关海洋水体环境和沉积物环境的评估，以国家二类标准作为围填海生态环境影响严重的分界线。各评估指标的标准阈值见表 9-1。

表 9-1　围填海工程海洋环境影响后评估指标标准

指标	影响轻微	影响较大	影响严重
浮游植物多样性指数	>3	1~3	≤1
浮游植物生物密度指数	>80%	60%~80%	≤60%
浮游植物种数	>80%	60%~80%	≤60%
初级生产力（mgC/(m²·d)）	≤200	200~300	>300
浮游动物多样性指数	≤1	1~3	>3
浮游动物密度指数	>80%	60%~80%	≤60%
浮游动物生物量指数	>80%	60%~80%	≤60%
浮游动物种数指数	>80%	60%~80%	≤60%
底栖生物生物量（g/m²）	≤20	20~100	>100
底栖生物多样性指数	≤1	1~3	>3
底栖动物种数指数	>80%	60%~80%	≤60%
底栖动物密度	>80%	60%~80%	≤60%
潮间带生物多样性指数	>80%	60%~80%	≤60%
潮间带生物密度指数	>80%	60%~80%	≤60%
潮间带生物种数指数	>80%	60%~80%	≤60%
潮间带生物生物量指数	>80%	60%~80%	≤60%
游泳动物多样性指数	>80%	60%~80%	≤60%
游泳动物生物量指数	>80%	60%~80%	≤60%
游泳动物密度指数	>80%	60%~80%	≤60%
游泳动物种数指数	>80%	60%~80%	≤60%
无机氮含量（μg/L）	>500	400~500	≤300
活性磷酸盐含量（μg/L）	>45	30~45	≤30
石油类含量（μg/L）	>50	10~50	≤10
硫化物含量（×10⁻⁶）	>600	500~600	≤500
涨潮流速指数	>80%	60%~80%	≤60%
落潮流速指数	>80%	60%~80%	≤60%
大潮潮差指数	>80%	60%~80%	≤60%
大潮纳潮量指数	>80%	60%~80%	≤60%

　　为了使评估结果能够量化，本书将各级评估结果进行如下量化：影响轻微，量化值赋为 1；影响较大，量化值赋为 2；影响严重，量化值赋为 3。量化值越高，围填海活动对海洋环境的影响越大。

第三节 围填海的社会经济效益后评估方法

围填海社会经济效益后评估包括围填海社会效益评估、围填海经济效益评估和围填海生态用海情况评估。围填海社会效益评估主要评估围填海项目运行后新增的就业人数、从业人员收入增长，以及围填海及附近区域的交通、医疗、教育、环卫等基础设施的改善情况。围填海经济效益评估主要评估围填海形成土地的经济价值、围填海工程建设及后期开发投入的社会经济发展驱动效益、围填海形成土地的后期经济产值，以及围填海驱动的财政收入增加贡献等。围填海的生态用海情况评估主要评估围填海项目对海洋生态红线制度、生态补偿制度、海岸整治修复工程、海岸生态建设，以及用海项目批复中提出的海域管理要求和环境保护措施等制度的落实情况。

一、围填海实施的社会效益评估方法

围填海实施后产生的社会效益包括围填海区域项目建设带动的财政收入增加、劳动就业人口增加和就业人口收入的增加，以及围填海区域道路建设密度、绿地与水系建设等。

（一）围填海的财政收入贡献

围填海造地的纳税效率评估采用围填海造地区域内每个项目的年纳税额除以围填海面积计算，计算方法如下：

$$R = \frac{\sum_{i=1}^{n} Z_i}{S} \tag{9-1}$$

式中：R 为围填海造地纳税效率，Z_i 为第 i 个项目的年缴税额，s 为第 i 个项目的面积。

我国各级政府的一般性财政收入主要包括税收、国有资产收益（凭借国有资产所有权获得的利润、租金、股息、红利、资金使用费等）、政府收费（包括规费和使用费两种）、专项收入（教育附加费、排污费等收入）和其他收入（罚没收入、利息收入等）。其中税收是各级财政收入中最主要的收入形式。税收又包括商品劳务税、所得税、财产税和其他税收类。例如，在洋浦经济开发区围填海范围内主要布置了工业企业，所缴纳税费主要有工业企业生产经营所得税、城乡建设维护税和教育附加费。

企业所得税是对我国内资企业和经营单位的生产经营所得和其他所得征收的一种税。纳税人范围比公司所得税范围广。企业所得税纳税人即所有实行独立经济核算的中华人民共和国境内的内资企业或其他组织，包括 6 类：①国有企业；②集体企业；③私营企业；④联营企业；⑤股份制企业；⑥有生产经营所得和其他所得的其他组织。企业所得税的征税对象是纳税人取得的所得。包括销售货物所得、提供劳务所得、转让财产所得、股息红利所得、利息所得、租金所得、特许权使用费所得、接受捐赠所得和其他所得。新所得税法规定法定税率为 25%，内资企业和外资企业一致，国家需要重点扶持的高新技术企业税率为 15%，小型微利企业税率为 20%，非居民企业税率为 20%。

企业应纳所得税额＝当期应纳税所得额×适用税率

应纳税所得额＝收入总额－准予扣除项目金额

（二）围填海的劳动就业贡献

围填海的劳动就业贡献采用围填海的劳动就业指数描述，围填海劳动就业指数是单位面积围填海区域增加的劳动就业工资收入，计算公式如下

$$JY = \frac{Q \times G}{A} \tag{9-2}$$

式中：JY 为围填海劳动就业指数；Q 为围填海带动的就业人口数量；G 为就业人口的年平均收入；A 为围填海区域面积。

社会基础设施改善采用围填海区域道路密度描述，围填海区域道路密度为围填海区域公路总长度除以围填海区域面积。

二、围填海的经济效益评估方法

（一）围填海形成土地的经济价值评估

围填海最直接的经济效益就是围填海增加的土地面积形成的土地资产。围填海形

成的临海土地资源是发展临海、临港工业的重要空间载体。围填海形成土地的经济价值可用围填海形成的建设用土地资源的市场价格来评估。根据围填海所形成土地的建设用途、土地级别及其当前的土地市场价，确定围填海形成的建设用土地的单位价格，然后根据围填海面积计算围填海造地形成的土地价值。公式如下

$$P = P_0 \times S \qquad (9-3)$$

式中：P 为围填海形成的土地价值；P_0 为区域土地市场平均价格；S 为围填海形成的有效土地面积。

(二) 围填海及其建设的经济驱动收益评估

围填海会因围填海的工程建设、材料需求、基础设施建设等投入，拉动地区国民经济增长，形成围填海驱动社会经济发展的发展收益。围填海的社会经济发展收益可以依据填海造地项目所在区域固定资产投资对 GDP 的增长贡献率进行估算。具体评估公式如下

$$R = W/\eta \qquad (9-4)$$

式中：R 为围填海的发展收益；W 为围填海项目的固定资产投资额；η 为围填海所在区域的固定资产投资对 GDP 的增长贡献率。

目前，主要有以下 3 种定量方法测算固定资产投资对经济增长的贡献率。

1) 国民收入法

①这种方法是基于国民收入支出法中的固定资产形成总额计算固定资产投资对 GDP 的拉动作用。用国民收入法测量固定资产投资对经济增长贡献的计算方法和步骤分别为：计算评估期固定资产形成总额增量占同期 GDP 增量的比重，该比重即为固定资产投资对经济增长的贡献率。通常表述为固定资产投资对经济增长的贡献为百分之多少。按照此方法计算的投资形成总额、最终消费和净出口对经济增长的贡献率之和应等于 100。②将①中计算的贡献率作为权数乘以评估期 GDP 增速，所得百分比即为固定资产投资对经济增长的贡献度，通常表达为拉动经济增长多少个百分点。按照此方法计算的资本形成总额、最终消费和净出口对经济增长的贡献度之和应等于评估期 GDP 的增速。

固定资产投资对经济增长的贡献率 $= \Delta I/\Delta GDP \times 100\%$

固定资产投资对经济增长的贡献度 $= \Delta I/\Delta GDP \times (\Delta GDP/\Delta GDP_0) \times 100\%$

式中：ΔI 是固定资产形成总额增量；ΔGDP 是评估期 GDP 的增量；ΔGDP_0 是基期 GDP；$\Delta GDP/\Delta GDP_0$ 是评估期 GDP 增速。

2）投资乘数法

投资乘数是现代宏观经济学中的重要概念，其基本含义是增加一笔投资会带来大于或数倍于这笔投资的 GDP 的增加，它等于每单位投资量的增加所导致的产出增加的数量，计算公式为

投资增加的 GDP ＝投资乘数×评估期固定资产形成总额

投资乘数＝1／（1－边际消费倾向）

3）投入产出法

该方法主要通过投入产出表中反映行业间投入产出关系的系数，计算增加某个或国民经济各部门单位最终使用时，对各部门产出的影响。这些系数主要反映出部门间技术经济联系决定的各部门在国民经济中的地位与作用，所以这种方法只能衡量投资对各个部门总产出的影响。

（三）围填海形成土地的经济产值评估

围填海形成土地的经济产值评估主要评估围填海区域布置的开发建设项目的经济产值，包括每一个布置项目产业种类、产量、市场价格、生产成本、企业利润等。

经济产值评估采用围填海区域内每个项目的年经济产值累加进行计算，计算方法如下

$$Z = \sum_{i=1}^{10} p_i q_i \tag{9-5}$$

式中：Z 为围填海的经济产值；p_i 为第 i 个项目的年产能；q_i 为第 i 个项目的单位产能经济价值；i 为项目数量。

三、围填海实施的生态用海情况评估方法

（一）围填海区域海域使用的海洋生态红线落实情况评估

围填海区域海域使用的海洋生态红线制度落实情况评估，主要采用围填海区域与海洋生态红线区的空间叠加分析，核查围填海区域海域使用与海洋生态红线区的位置关系（远离、毗邻、部分占用突破、完全占用突破），围填海区域海域使用对海洋生态红线区管理要求的遵从情况，围填海区域是否对海洋生态红线区造成一定的环境影响。以采用定性分析方法为主。

（二）围填海区域海域使用的生态补偿情况评估

围填海区域海域使用的生态补偿方案落实情况评估，主要开展生态补偿补充方案落实情况评估，生态补偿方式及补偿金使用情况评估；开展围填海区域海域使用的海岸线生态化修复情况评估，海域整治修复情况评估、海域海岸线区域生态建设等情况评估等。评估方法以定性分析为主，辅以必要的定量评估方法。

（三）围填海项目批复中海洋管理措施落实情况评估

围填海项目批复中海洋管理措施落实情况综合评估为围填海项目实施过程中海域使用动态监测跟踪措施的落实评估、海洋环境动态监测措施的落实评估、围填海环境管理措施的落实评估、围填海竣工验收措施的落实评估、围填海环境准入门槛的制定落实评估等方面，具体见本书第七章第三节。

第十章

我国围填海管理展望

第一节 我国围填海管理面临的形势与任务

进入 21 世纪，海洋越来越成为世界各国特别是沿海国家提振经济增长、创新发展思路的资源宝库。党的十八大准确把握时代特征和国际形势，及时作出了建设海洋强国、实现美丽中国的重大战略决策。习近平总书记等国家领导人高度重视海洋强国建设，多次提及海洋强国建设战略，并在中共中央政治局第八次集体学习时强调"进一步关心海洋、认知海洋、经略海洋，推动海洋强国建设不断取得新成就"。围填海是当前我国近岸海洋开发利用的主要形式之一，是发展临港型开放经济，建设海洋强国的重要空间载体。同时控制围填海产生的生态环境问题，优化围填海空间布局也是实现美丽中国目标的重要实践。如何从严管控围填海活动，保证其在发展海洋经济，建设海洋强国过程中发挥积极作用的同时，创新生态文明发展模式，最大限度地解决围填海活动产生的各类问题，是当前我国围填海管理面临的新形势。

一、围填海管理要为建设海洋强国保障发展空间和战略阵地

21 世纪以来，我国经济和生产要素的趋海移动速度加快，东部沿海地带的特大城市和大城市人口数量分别占全国人口数量的 59.81% 和 47.44%。随着我国建设海洋强国战略的具体落实和实施，未来 10 年，将是我国布局临海工业、建设滨海城镇、发展海洋经济的关键阶段，石化、钢铁、造船、核电等重工业大规模向沿海地区转移、滨海城镇建设进程势不可挡。工业化、城镇化发展对土地资源的巨大需求和我国严格保护耕地面积形成的沿海地区巨大土地供给缺口，将驱使"十三五"期间围填海活动仍将面临着巨大的社会经济发展需求。2009—2011 年，我国年均围填海新占用岸线长度约 400 km，损耗自然岸线约 120 km，围填海已从过去的高潮滩向潮间带、潮下带延伸，可供围填的海域空间逐年缩小，未来海洋经济发展、沿

海地区开发面临严重的海域空间资源紧缺问题。在这种形势下，必须在客观分析面临形势和问题的基础上，站在建设海洋强国的战略高度，全面审视围填海在国家海洋发展战略实施、重点产业调整与优化实施方面的重大作用，合理配置海域资源开发时序，保证海洋经济发展、海洋强国建设的土地与海域空间资源需求。

二、围填海管理要为实现美丽中国探索生态文明用海实践

党的十八大报告提出"必须把生态文明建设放在突出位置，融入经济建设、政治建设、文化建设、社会建设各方面和全过程，努力建设美丽中国，实现中华民族永续发展"。海洋是沿海地区乃至全国社会经济可持续发展的重要生态屏障，海洋生态环境的失衡或破坏不仅直接影响海洋经济发展，危及美丽中国建设，而且间接危及我国社会经济的可持续发展。围填海作为一种彻底改变海域自然属性的活动，如果论证不充分，管理不严格，不仅影响海域的合理开发和可持续利用，而且还有可能加剧海岸侵蚀，造成海湾、港口泥沙淤积，影响江河的泄洪能力和港口的航运功能。围填海临海建设的石油、钢铁、化工、造船、煤炭等高能耗、高排放的产业，不但自身排污对海洋环境压力巨大，而且面临台风、海啸等海洋灾害风险极大，一旦产生突发环境灾害事件，将会危及区域性社会经济发展。因此，在保障海洋经济发展对围填海需求的同时，创新围填海管理模式，最大限度降低围填海活动的影响，为实现美丽中国探索生态文明用海实践，是围填海管理必须解决的问题。

第二节　我国围填海管理展望

围填海管理是我国海域管理工作的一个重要方向。根据我国沿海地区社会经济发展对海岸空间的需求趋势和围填海活动的海洋环境深远影响,可预知围填海管理在未来10年仍将是我国海域管理工作的一个重要领域。进一步健全我国围填海管理方法体系是今后海域管理部门、海域管理技术支撑部门的重要任务。笔者在梳理以上我国围填海管理方法的基础上,集成相关围填海管理专家思路,形成以下认知。

一、将生态文明理念融入围填海管理的全过程

党的十八大报告明确了我国生态文明建设的突出地位,面对海域空间资源约束趋紧,海洋生态环境退化的严峻形势,开展生态化的围填海管理方法体系研究,将生态文明理念融入到围填海管理的全过程是我国围填海管理的必然选择。首先,从海洋空间区划、规划入手,构建基于海洋生态系统的海洋功能区划、海域空间规划理论方法与实践应用体系,构建生态保护优先的海洋空间用途管制制度,将围填海活动完全限制于非生态敏感海域。其次,从维护海洋生态系统服务功能角度,建立围填海项目海域使用论证、海洋环境影响评价的生态评估指标体系,准确评估围填海项目对海洋生态系统的影响程度。再次,以维护海洋生态环境为目的,从生态系统角度建立系统完整、操作方便、准确高效的围填海活动监管指标体系,由国家海域动态监管系统统一部署监管。最后,完善和强化围填海项目的竣工验收和后评估管理,跟踪监测评估大规模围填海区域的海洋生态影响,实施必要的生态修复工程。

二、以海洋功能区划为依据,实行严格的海域空间用途管制制度

海洋功能区划制度是《中华人民共和国海域使用管理法》依法确认的我国海域

管理的三大制度之一，是维护海域空间开发利用秩序的主要依据。在海洋功能区划的一级海洋功能区中，工业与城镇建设功能区是专门为工业和城镇建设用海选划的海洋功能区，也是可以开展大规模工业和城镇建设用围填海的海域，所有的工业和城镇建设围填海项目要严格限制于工业与城镇建设功能区，并实行围填海总量控制制度。这里围填海总量控制制度，是以省级行政区为单元，在海洋功能区划对可以进行围填海的工业与城镇建设功能区空间总体布置与围填海管理要求基础上，充分研究每个工业与城镇建设功能区围填海的资源环境适宜性。根据每个工业与城镇建设功能区围填海资源环境适宜性、围填海工程施工技术可行性、围填海成本和社会经济发展现状，估算省级行政区范围内的围填海资源环境承载力，作为本区域未来50年围填海总量控制的总体目标。同时港口与航运区、旅游休闲娱乐区、农渔业区、矿产与能源区等其他海洋功能区，严格限制以建设港口码头基础设施、物流堆场、旅游娱乐宾馆饭店、旅游娱乐人工岛、矿产与能源存储区为名义的大规模围填海活动，制定以海洋功能区划为基础的海域空间用途管制管理办法，提高海域空间开发利用精细化管理水平。

三、健全围填海占用海域资源的有偿使用制度和生态补偿制度

按照党的十八届三中全会提出的"实行资源有偿使用制度和生态补偿制度"的改革决定，进一步完善现行的围填海占用海域空间资源的有偿使用制度和生态补偿制度。根据围填海海域使用权价值、围填海形成土地的市场需求、国民经济发展状况以及社会承受能力等因素，以新增建设用地土地出让金动态变化为导向，定期适时调整现行的围填海海域使用金征收标准，以弥补海域使用金与土地出让金之间的差额，去除围填海的经济利益驱动杠杆，提高围填海占用国有海域空间资源的成本。同时定期适时调整围填海海域使用金征收标准也是提升国有海域资源的资产价值，维护海域资源国家所有人合法收益的重要途径和手段。

充分考虑围填海对海洋渔业资源、海洋自然景观、海洋生态系统服务功能等海洋资源环境造成的损害，创新各类海洋环境污损监测评估体系，探索围填海活动的生态损失与补偿评估方法，科学评估围填海对海洋资源环境的占用和损害程度，研究制定围填海生态补偿方式和标准。以国家海域资源所有者身份，对围填海占用和破坏海洋生态环境收取生态补偿金，用于污损海域的生态修复与整治。对于因围填海项目导致典型海洋生态环境受损害问题的，加倍收取生态补偿金，提高围填海污损海洋生态环境成本。筹集海洋环境污损生态补偿资金、海域使用金、海域使用生态补偿金、国家

海洋环境保护专项资金，建立海洋环境综合整治修复基金。针对围填海等海洋开发利用活动产生的海洋生态环境污损问题，采用公开招标的方式筛选海洋环境整治修复项目工程实施主体，制定相关的整治修复工程实施管理细则，严格控制海洋环境整治修复工程质量。

四、创新围填海项目的监管评估机制

创新当前由围填海项目业主出资开展围填海项目的海域使用论证、海洋环境影响评价、海域使用动态监测、海洋环境影响跟踪监测、竣工验收测量等监管评估技术模式，以围填海生态补偿金、围填海监管费的形式向围填海项目建设单位收取围填海项目管理费用，用于围填海项目的海域使用论证、海洋环境影响评价、竣工验收及后评估等相关工作，以强化围填海项目监管评估结果的客观性、公正性，提高国家围填海管理工作的实效性。

在海洋行政主管部门，依托国家海域使用动态监视监测系统，利用卫星遥感、无人机监控、地面核查等多种手段建立覆盖围填海项目全过程的动态监管体系，实现对围填海活动的全程监管、分类管理与总量控制。通过国家、省、市、县四级海域使用动态监视监测系统的业务化运行，及时准确地监测评估全国各个区域围填海活动的发展态势，确保各级海洋行政主管部门能实时把握围填海项目的发展动态，适时制定和调整围填海管理政策。同时，国家海域使用动态监视监测系统的业务化动态监测，也可及时发现各类违规违法围填海活动，协同海洋行政执法部门及时制止违规违法围填海行为，维护海域空间开发利用秩序。

五、完善围填海管理法规与政策，加大违规违法围填海监督惩处力度

针对围填海管理特点，集成围填海管理相关的法规制度，研究制定《围填海管理办法》，理顺围填海管理制度体系，依法管理围填海活动。适时修改《中华人民共和国海域使用管理法》等涉及围填海管理的相关法律，加大违规违法围填海的惩处力度，提高依法用海的威慑作用。将填海造地纳入地区建设用地管理法律法规体系，实行填海造地指标与新增建设用地指标同步管理，建立农业围垦形成土地的管理法律法规，填补围填海形成土地管理的法律空隙。

进一步强化各级海洋行政主管部门与海警执法部门的紧密协作，在海警执法部门，成立专门的海域使用执法检查队伍，定期开展围填海项目执法巡查，严肃查处未

批先用、少批多用、私自改变用途、化整为零审批、越权审批等围填海违规违法行为。构建民众参与围填海监督管理的畅通渠道，充分发动广大民众在围填海项目申请、审批、施工过程中的参与和监督作用，借助广大民众的力量监督管理违规违法围填海活动。

六、深化围填海管理方法研究，提高围填海管理技术水平

加强围填海管理方法研究，应用先进的科技手段提高围填海活动的监管水平，提升围填海管理的科学决策水平。

（1）建立围填海管理的科学咨询机制。聘请海洋、经济、规划、法律、海岸工程、环境保护等方面的专家、技术人员，成立海洋开发专家咨询组，对有关海洋规划、大规模围填海项目、海域开发重大项目等进行咨询和系统的技术论证。

（2）完善围填海管理的指导性文件。组织海洋、规划、工程等专业人员根据不同时期经济社会发展的客观需要，修编海洋功能区划、完善区域用海规划、调整围填海海域使用金征收标准、健全围填海生态补偿制度。

（3）开展围填海资源环境影响中长期观测研究。组织海洋科研人员通过申请国家基础研究项目经费，围绕大规模围填海项目的海洋水动力冲淤、生态系统服务功能、海洋灾害风险等方面开展持久的全面跟踪监测评估与研究，为大规模围填海管理提供技术支撑。

（4）强化围填海监测管理的先进技术手段应用。研究高精度卫星遥感技术、无人机监控技术、高精度海上定位技术在围填海项目动态监测、竣工验收中的业务化应用技术。同时，引入数模、物模技术，开发海洋三维模型，提高围填海项目的监管技术水平。

参考文献

鲍旭平，张钊，吕宝强，等．浅谈围填海工程海域使用动态监测方案设计［J］．海洋开发与管理，2014，3：64-68.

陈书全．关于加强我国围填海工程环境管理的思考［J］．海洋开发与管理，2009，26（9）：22-26.

初敏，王晨良子．谈规制围填海项目的政策路径［J］．中国海洋大学学报（社会科学版），2011，22（2）：81-82.

付元宾，赵建华，王权明．我国海域使用动态监测系统（SDMS）模式探讨［J］．自然资源学报，2009，23（2）：185-193.

高金柱．我国围填海管理优化初探［J］．海洋经济，2015，5（3）：56-62.

高文斌，刘修泽，段有洋，等．围填海工程对辽宁省近海渔业资源的影响及对策［J］．大连水产学院学报，2009，24（S）：18-25.

高志强，刘向阳，宁吉才，等．基于遥感的近30a中国海岸线和围填海面积变化及成因分析［J］．农业工程学报，2014，30（12）：140-147.

关道明，阿东．全国海洋功能区划研究［M］．北京：海洋出版社，2013.

国家海洋局海域与海岛管理司．海域使用论证培训教材［M］．北京：海洋出版社，2012.

何起祥，赵洪伟，等．荷兰海岸带综合管理［J］．海洋地质动态，2002，18（8）：29-33.

胡斯亮．围填海及其管理制度研究［D］．青岛：中国海洋大学，2011.

胡小颖，周兴华，刘峰，等．关于围填海引发环境问题的研究及其管理对策的探讨［J］．海洋开发与管理，2009，26（10）：80-86.

胡宗恩，王淼．围填海对海洋生态系统影响评价标准构建及实证研究［J］．海洋环境科学，2016，35（3）：357-365.

黄国柱，朱坦，曹雅．我国围填海造陆生态化的思考与展望［J］．未来与发展，2013，5：18-25.

黄杰，梁雅惠，王玉．我国区域围填海问题的经济学分析［J］．经济师，2016，2：166-167.

黄杰，索安宁，孙家文，等．中国大规模围填海的驱动机制及需求预测模型［J］．大连海事大学学报（社会科学版），2016，15（2）：13-18.

贾凯．关于填海造地的岸线控制指标体系［D］．大连：大连海事大学，2012.

兰香．围填海可持续利用的路径探讨［D］．青岛：中国海洋大学，2009.

兰香．围填海开发对海洋产业的影响分析［J］．中国水运，2009，9（5）：88-89.

李京梅，刘铁鹰．基于生境等价分析法的胶州湾围填海生态损害评估［J］．生态学报，2012，32（22）：7146-7155.

李京梅，孙夏，谢恩年．围填海经济驱动因素的实证分析［J］．中国渔业经济，2012，30（6）：61-68

李静．河北省围填海演进过程分析与综合效益评价［D］．石家庄：河北师范大学，2008.

李荣军. 荷兰围填海的启示 [J]. 海洋开发与管理, 2006, 23 (3)：31-34.

林霞, 王鹏, 贾凯. 基于 GIS 的辽宁省围填海适宜性评价 [J]. 海洋开发与管理, 2015, (5)：27-32.

刘佰琼, 徐敏, 刘晴. 港口及临港工业围填海规模综合评价研究 [J]. 海洋科学, 2015, 39 (6)：81-87.

刘佰琼, 徐敏, 俞亮亮. 苏北浅滩腰沙围填海控制线研究 [J]. 长江流域资源与环境, 2014, 23 (10)：1391-1397.

刘大海, 丰爱平, 刘洋. 围填海综合损益评价体系探讨 [J]. 海岸工程, 2006, 25 (2)：93-99.

刘洪滨, 孙丽. 胶州湾围垦行为的博弈分析及保护对策研究 [J]. 海洋开发与管理, 2008, 25 (6)：28-32.

刘述锡, 孙淑艳. 基于生态系统功能的围填海资源潜力评估方法初探 [J]. 中国渔业经济, 2013, 31 (1)：150-154.

刘霜, 张继民, 唐伟. 浅议我国围填海工程海域使用管理中亟待引入生态补偿机制 [J]. 海洋开发与管理, 2008, 25 (11)：34-37.

刘苏, 植江瑜. 填海项目竣工海域使用验收测量的技术方法及若干问题探讨 [J]. 海洋开发与管理, 2016, 33 (2)：39-42.

刘伟. 围填海热潮的驱动机制和调控分析 [J]. 中国国土资源经济, 2008, 21 (1)：29-31.

刘洋, 丰爱平. 区域围填海面积需求分析方法探讨 [J]. 中国渔业经济, 2011, 29 (6)：92-97.

娄成武, 常爱连. 我国围填海管制政策的反思及其改进措施 [J]. 广州环境科学, 2010, 25 (4)：1-14.

苗丰民. 海域分等定级及价值评估的理论和方法 [M]. 北京：海洋出版社, 2007.

苗丰民. 海域使用管理技术概论 [M]. 北京：海洋出版社, 2004。

潘新春. 海域管理概论 [M]. 北京：海洋出版社, 2014.

彭本荣, 洪华生, 陈伟琪. 填海造地生态损害评估：理论、方法及应用研究 [J]. 自然资源学报, 2005, 20 (5)：714-726.

任远, 王勇智. 关于因地制宜科学围海造地的思考——以温州为例 [J]. 中国海洋大学学报 (社会科学版), 2008, 2：89-91.

宋德瑞, 赵建华, 张容榕, 等. 海域动态监视监测数据多模式综合共享方法 [J]. 海洋环境科学, 2012, 31 (4)：520-524。

孙丽. 中外围填海管理的比较研究 [D]. 青岛：中国海洋大学, 2009.

孙钦帮, 陈燕珍, 陈兆林, 等. 填海项目竣工海域使用验收测量工作若干问题探讨 [J]. 海洋开发与管理, 2015, 3：27-29.

孙书贤. 关于围海造地管理对策的探讨 [J]. 海洋开发与管理, 2004, 21 (6)：21-23.

索安宁, 张明慧, 于永海, 等. 曹妃甸围填海工程的海洋生态服务功能损失估算 [J]. 海洋科学, 2012, 36 (3)：108-114.

索安宁, 王鹏, 袁道伟, 等. 基于高空间分辨率卫星遥感影像的围填海存量资源监测与评估方法研究 [J]. 海洋学报, 2016, 38 (9)：54-63.

索安宁，于永海，袁道伟，等．区域建设用海规划后评估方法体系探讨［D］

索安宁，于永海，赵建华，等．围填海需求预测方法［J］．海洋开发与管理，2012，（7）：17-21.

索安宁，张明慧，于永海．曹妃甸围填海工程的环境影响回顾性评价［J］．中国环境监测，2012，28（2）：105-111.

索安宁，张明慧，于永海．围填海工程平面设计评价方法探讨［J］．海岸工程，2012，31（1）：28-35；

汤民强，刘文勇，魏巍．填海项目竣工海域使用验收测量的技术方法［J］．海洋技术，2009，28（2）：80-83.

王国长，黄湘穗，李天威，等．工业综合开发区环境影响后评估探讨［J］．环境科学研究，1999，12（1）：30-34.

王厚军，丁宁，赵建华，等．围填海项目海域使用动态监视监测内容及方法研究［J］．海洋开发与管理，2015，32（12）：7-10.

王琪，田莹莹．蓝色海湾整治背景下的我国围填海政策评析及优化［J］．中国海洋大学学报（社会科学版），2016，4：42-48.

王曙光，鲁英宰．中韩围填海环境影响与管理政策研讨会论文集［M］．北京：海洋出版社，2012.

王曙光，王智勇，鲍献文．我国海域使用后评估体系研究［J］．台湾海峡，2008，27（2）：262-266.

王衍，王鹏，索安宁．土地资源储备制度对海域资源管理的启示［J］．海洋开发与管理，2014，31（7）：25-29.

王智勇，王曙光，鲍献文．海域使用后评价的初步研究［J］．海洋开发与管理，2008，1：60-66.

温国义，杨建强，索安宁．集约用海区用海布局优化技术研究及应用［M］．北京：海洋出版社，2015.

姚立．填海造地管理中若干问题的研究［D］．天津：天津大学，2007，11-14.

于青松，齐连明．海域评估理论研究［M］．北京：海洋出版社，2006.

于永海，索安宁．围填海评估方法研究［J］．北京：海洋出版社，2013.

于永海，索安宁．围填海适宜性评估方法与实践［M］．北京：海洋出版社，2013.

岳奇，徐伟，胡恒，等．世界围填海发展历程及特征［J］．海洋开发与管理，2015，6：1-5.

中国科学院学部．我国围填海工程中若干科学问题及对策建议［J］．中国科学院院刊，2011，26（2）：171-174.

朱凌，刘百桥．围填海的综合效益评价方法研究［J］．海洋开发与管理，2009，26（2）：113-116.

Katrine Soma, Arild Vatn. Local democracy implications for coastal zone management-A case study in southern Norway［J］. Land Use Policy, 2009, 6：62-70.

Suo Anning , Caoke, Zhao Jianhua. Sea areas reclamation and coastline change monitoring by remote sensing in coastal zone of Liaoning in China［J］. Journal of Coastal Research, 2015, 73：725-729.

Zhang Minghui, Chen Changping, Suo Anning. Estimation Method for Spatial Capacity of Sea Areas Reclamation［J］. Applied Mechanics and Materials, 2013, 260-261：1026-1029.